Agua limpia para países en desarrollo

Agua limpia para países en desarrollo

JOHN A. DRACUP, PhD

Profesor emérito

Universidad de California, Berkeley

CLEAN WATER PRESS
SANTA MONICA, CALIFORNIA

Agua limpia para países en desarrollo

por John A. Dracup, PhD
Profesor Emérito
Universidad de California, Berkeley

Editor: Clean Water Press
1223 Wilshire Blvd. #561
Santa Mónica, California 90403-5400
dracup@cleanwaterbook.com

ISBN: 978-1-7343524-3-6

Primera edición

Foto de portada por Wathiq Khuzaie: *Shahd, de tres años, cuya familia ha sido desplazada de la ciudad de Mosul afectada por el conflicto, llena una taza con agua que fluye de una tubería en el campamento de tránsito de Khazar en Erbil, Irak.*

Diseño de la cubierta: Andrew Neighbour
Diseño interior: Mary Neighbour

Traducción al español: Mincor, Inc. jaime@mincor.net

Para Kathy y nuestra familia.

CONTENIDO

PREFACIO

"El mundo está lleno de oportunidades. Todos los días hay algo nuevo que puedes hacer. Por ejemplo, podrías convertir el agua sucia en agua potable. ¿Por qué no todo el mundo tiene agua potable? Porque es un problema que aún no se ha resuelto, pero que se puede resolver".

-Úrsula Burns

Niños llevando agua a su pueblo.

El objetivo principal de este libro es ayudar al lector a elegir el mejor método para proporcionar agua limpia y segura en un país en desarrollo. La mayor parte del contenido del libro proviene del conocimiento obtenido de:

1. Más de cincuenta años de investigación y enseñanza en ingeniería de recursos hídricos, hidrología y agua limpia para países en desarrollo, tanto en la Universidad de California, Los Ángeles, como en la Universidad de California, Berkeley.
2. Treinta y cinco años como testigo experto en numerosos casos legales de ingeniería hidrológica y de recursos hídricos.
3. Proyectos de agua limpia en los que estuve involucrado en Kenia, Perú, Honduras y Guatemala entre 2011 y 2017.
4. Asistencia a varios cursos, incluidos los del Centro de Tecnologías de Agua y Saneamiento Asequibles (CAWST por sus siglas en inglés) en Calgary, Alberta, Canadá y en "Potters for Peace" en Dodgeville, Wisconsin.
5. Mis muchos colegas y estudiantes.

Los sitios que necesitan agua limpia pueden ser diversos, por ejemplo, un hogar individual, una aldea entera, un grupo de aldeas, una escuela, una clínica, un orfanato, etc. El objetivo de este libro es proporcionar al lector una comprensión básica de cómo llevar suministros de agua limpia a estas entidades. Los enfoques óptimos dependerán tanto del punto de uso (POU por sus siglas en inglés), que puede ser grande o pequeño, como del estado del agua (cantidad, turbidez, tipo y concentración de patógenos/bacterias/virus presentes) en el suministro de agua. El punto de uso (POU por sus siglas en inglés) es el lugar en donde se va a consumir el agua.

La mayoría de los afectados por el agua contaminada viven en zonas rurales aisladas del mundo en desarrollo. El costo, la sustentabilidad, las diferencias culturales y la aceptación de quienes utilizarán el agua, son factores importantes para proporcionar agua potable a estas personas.

Estos factores incluyen:

- **Participación de la comunidad.** Por mucho, las mejoras de agua más exitosas en los países en desarrollo están vinculadas a las organizaciones comunitarias, particularmente entre la población femenina.
- **La fuente del agua.** Puede provenir de aguas subterráneas, captación de aguas pluviales o aguas superficiales como manantiales, arroyos, ríos, lagos y embalses.
- **La calidad de la fuente de agua.** El agua puede tener contaminación física, biológica o química.
- **El tamaño de la población que la demanda.** ¿Es un hogar individual, una escuela, un orfanato, un pueblo pequeño o grande o un grupo de pueblos? Obviamente, esto afecta la cantidad o volumen de agua limpia necesaria, y esto afecta la metodología que se utilizará.

Niños frente a un tanque gigante de agua de polietileno.

- **La ubicación de la población que debe ser atendida.** ¿Están juntos o muy dispersos?

En los primeros cinco capítulos se presenta el "Método de Barreras Múltiples" requerido para proporcionar agua limpia en un país en desarrollo. El Centro de Tecnología de Agua y Saneamiento Asequible (CAWST) proporciona más información sobre el Método de Barreras Múltiples en: https://www.cawst.org/services/multi-barrier-approach

Capítulo 1. Una fuente segura: Si la fuente es un pozo, debe cubrirse con una losa de concreto. Si proviene de un arroyo o canal, deberá asegurarse de que no atraviese un pasto donde los desechos de animales puedan ingresar al agua.

Capítulo 2. Extracción de sedimentos: La claridad del suministro varía con la cantidad de sedimento suspendido (turbiedad) en el agua. La eliminación del sedimento es esencial para minimizar la filtración necesaria del suministro.

Capítulo 3. Filtración: Una vez que se elimina el sedimento, se debe filtrar el agua para eliminar los patógenos. La filtración es uno de los pasos más importantes para proporcionar agua limpia a los países en desarrollo. Este capítulo cubrirá tres tipos de filtros en profundidad: Bioarena, Membrana y Cerámica.

Capítulo 4. Desinfección: Este paso asegura la eliminación de cualquier patógeno remanente en el agua filtrada. Los métodos incluyen la ebullición del agua, la desinfección solar con luz solar (conocida como SODIS), la cloración (el principal medio en el mundo desarrollado) y la luz ultravioleta (UV).

Capítulo 5. Almacenamiento seguro: El agua potable limpia debe almacenarse donde los contaminantes de fuentes tales como manos sucias y fluidos corporales no puedan contaminar el agua limpia. En general, esto implica el uso de un recipiente hermético con una válvula.

Otros temas cubiertos aquí incluyen:

Capítulo 6. Transporte seguro: Después de la eliminación de sedimentos, filtración y desinfección, el agua limpia debe trasladarse de un lugar a otro (generalmente en bidones) sin contaminación secundaria.

Capítulo 7. Selección de la fuente de agua dulce: Los factores que intervienen en la selección de la fuente óptima de agua dulce (recolección de agua subterránea, superficial o de lluvia) deben incluir la consideración de la cantidad, la calidad y el costo.

Capítulo 8. Calidad del agua: Ofrece una visión general de los patógenos y cómo estos sirven para comprometer la higiene, la capacidad de beber y la seguridad del agua. El capítulo incluye una sección sobre pruebas de agua en el campo para determinar la presencia de varios contaminantes.

Capítulo 9. Bombas y energía: Las bombas centrífugas y las bombas de aire comprimido requieren el uso de energía eléctrica, ya sea de una red, paneles solares u otra fuente. Las bombas de cuerda o bombas manuales son útiles en aquellas partes del mundo en desarrollo que carecen de acceso a la electricidad (alrededor del 16% de la población mundial o 1.200 millones de personas).

Capítulo 10. Saneamiento: La eliminación adecuada de los desechos humanos es un corolario de vital importancia para lograr y mantener el agua limpia. En este capítulo se presenta cómo proporcionar un saneamiento adecuado a los hogares, las aldeas y las escuelas a través del inodoro y el inodoro EcoSan (saneamiento ecológico).

Capítulo 11. Higiene: Educar a las personas sobre la necesidad de lavarse las manos con jabón y agua limpia es una de las formas más efectivas de prevenir enfermedades. El lavado de manos es un componente importante de la higiene, especialmente después de ir al baño, cambiar pañales y antes de cocinar. El dispositivo Tippy Tap es un método higiénico efectivo y económico.

Capítulo 12. Asuntos culturales: En algunas áreas del mundo en desarrollo, las personas adoptan el uso continuo del agua contaminada simplemente porque siempre lo han hecho.

Hay costumbres, como la de la defecación al aire libre, que se convierten en un momento social en la noche en muchos pueblos. Además, puede haber una desconfianza inherente a los inodoros. Un nuevo pozo, que puede estar ubicado en la aldea, puede impedir que las mujeres caminen juntas hacia una fuente de agua distante, un rito esencial de socialización.

Capítulo 13. Costo: Hace falta mencionar que los sistemas que proporcionan agua limpia a las naciones en desarrollo deben ser económicos o pagados por organizaciones no gubernamentales (ONG) u otros grupos humanitarios. Este capítulo proporciona algunos ejemplos y el precio correspondiente para llevar agua limpia a los necesitados.

Capítulo 14. Comercialización: Hay seis pecados capitales de comercialización que las ONG a menudo cometen al proporcionar agua limpia a los países en desarrollo.

Capítulo 15. Sustentabilidad: Los esfuerzos para mantener el uso a largo plazo de los sistemas de agua limpia han llevado a fallas comunes relacionadas con la comunidad, la capacitación, el cambio de comportamiento, la financiación y las soluciones inadecuadas, pero los avances tecnológicos, incluido el uso de teléfonos móviles, permiten resolver problemas.

Capítulo 16. Estudio de casos: Como una inspiración para cualquiera que busque abordar el problema del agua limpia, unos 16 estudios de casos demuestran la manera en que otros han resuelto el enigma en todo el mundo. El ingenio de los seres humanos para servir a otros en el campo del agua ocupa un lugar central.

Capítulo 17. Guía de recursos: El último capítulo es una guía de recursos adicionales más allá de lo que se discutió anteriormente, incluido boletines, folletos en línea, información sobre voluntarios y una selección de instituciones educativas en los Estados Unidos, que incluyen algunos de los mejores programas que sirven a la comunidad estudiantil con cursos relacionados para proporcionar agua limpia a los países en desarrollo.

Apéndice 1 Unas palabras sobre hidrología.

Apéndice 2 Unas palabras sobre ingeniería de recursos hídricos

Conversión de unidades

Dado que solo tres países en el mundo no han adoptado el Sistema Internacional de Unidades (mejor conocido como el sistema métrico) —Myanmar, Liberia y Estados Unidos— todas las unidades en este libro estarán en el sistema métrico de medición. Sin embargo, se presentan las siguientes conversiones, en las que el lector puede confiar según sea necesario.

Tasa de flujo
Un metro cúbico por segundo (cms) = 35,3 pies cúbicos por segundo (cfs)

Longitud
Un kilómetro (km) = 3.280,8 pies
Un metro (m) = 3,28 pies
Un centímetro (cm) = 0,39 pulgadas
Un milímetro (mm) = 0,04 pulgadas

Presión
Un KiloPascal (kPa) = 0,145 libras/pulgada cuadrada (psi)

Volumen
Un metro cúbico (m^3) = 1000 litros = 264,2 galones

Un litro (l) = 0,26 galones

Un mililitro (ml) = 0,54 onzas líquidas (EE. UU.)

Peso
Un kilogramo (kg) = 2,2 libras

A lo largo de este libro, uso el término "agua limpia". Desafortunadamente, el agua que se ve limpia no necesariamente está libre de patógenos y, por lo tanto, no es segura para beber. Sin embargo, para los fines de este libro, el agua "limpia" implica que el agua es potable o "segura" para beber.

Además, creo que todos los dispositivos, como los filtros de agua que proporcionan agua limpia y segura a los países en desarrollo, deben entregarse en la manera de código abierto, es decir, sin patentes ni otras restricciones. El objetivo de suministrar agua limpia de la manera más económica posible, a tantas personas como sea posible, solo se puede alcanzar si los métodos provistos se comparten generosamente.

En su reciente libro *The Moment of Lift*, Melinda Gates describe el momento de ascenso como el que ocurre cuando el avión ha rodado por la pista y comienza a elevarse hacia el cielo.

Mi momento personal de experiencia de ascenso ocurrió en la isla de Remba, que se encuentra en el lago Victoria, Kenia. Después de una instalación larga y difícil, se activó un nuevo sistema de purificación de agua. Antes de esta instalación, la gente había usado agua del lago contaminada con *Escherichia coli*. El primer día de operación del sistema, cientos de personas se apresuraron a llegar a los quioscos y llenaron sus bidones de 20 litros, llevándolos sobre sus cabezas con sonrisas en sus rostros. El sistema continúa funcionando eficientemente hasta el día de hoy, proporcionando agua limpia y una mejor salud a los habitantes de la isla de Remba.

Niño chapoteando en el agua.

John A. Dracup
Santa Mónica, CA
Diciembre 2019

INTRODUCCIÓN

"Miles de personas han vivido sin amor,
ninguno sin agua".

-W.H. Auden

EL DILEMA: HAS llegado a un pueblo en el oeste de Kenia, al final de la tarde. El cielo está cubierto de una bruma polvorienta. Hay una quietud en el ambiente.

Niños transportando bidones en Sudán.

El pueblo está ubicado a unos 15 kilómetros al sureste de Kisumu y consiste en chozas de barro dispersas, rodeadas de verdes laderas. Dos mujeres están sentadas en el suelo tejiendo canastas que planean vender en el mercado local. Los niños patean una pelota de fútbol en el suelo rojo de Kenia. Varias cabras y pollos muy delgados están pastando en la zona. Un fuerte olor a humedad flota en el aire mientras se mezcla la tierra roja con el estiércol animal.

Caminas hasta una choza de techo de paja con paredes hechas de barro, paja y este mismo estiércol. Notas que hay una cubeta amarilla de 20 litros colocado de manera que pueda recoger el agua de lluvia del techo, pero no llueve y la lata está vacía.

Cuando entras en una de las cabañas, ves que tiene pisos de barro. Hay una olla de comida que se cocina a fuego abierto y la tilapia se calienta sobre una parrilla abierta. La cabaña se llena de humo y esto hace que te ardan los ojos.

Mientras caminas fuera, a la luz del día, ves llegar a una mujer con su hija, cada una con un bidón de 20 litros en la cabeza, lleno de agua, pesando unos 20 kg. Han caminado tres kilómetros para recoger esta agua fangosa y contaminada de los estanques a lo largo de un río efímero que está casi seco, ya que es casi el final de la temporada de lluvias.

Quieres proporcionar un suministro de agua limpia a este pueblo. Sin embargo, para lograr este objetivo, debes considerar las siguientes preguntas:

- **¿Qué grupos comunitarios están disponibles en el pueblo y están dispuestos a trabajar contigo para cumplir con el objetivo de proporcionar agua limpia?**
- **¿Existe alguien con experiencia disponible en el pueblo o en el gobierno local** (por ejemplo, trabajadores de la salud comunitarios, perforadores de pozos, plomeros o contratistas)?

- **¿Qué fuentes de agua hay disponibles: aguas subterráneas o superficiales?** Para el agua subterránea, ¿cuál es la profundidad del *nivel freático* del agua? ¿Existen otros pozos en el área y cuáles son sus características? Si el suministro debe ser agua superficial, ¿cuál es la fuente? ¿Un lago? ¿Un reservorio? ¿Una cañada? ¿Un manantial de montaña? ¿Cuál es la calidad y cantidad de la fuente de agua?
- **¿Cavas un pozo, perforas un pozo, bombeas agua del escaso río o de un lago distante?** ¿Quizás instalas un sistema de recolección de agua de lluvia, que captura la lluvia que cae sobre los techos? ¿Diriges una tubería desde un manantial en una ladera cercana? ¿O importas e instalas un paquete fabricado de sistema de tratamiento?

Un pueblo africano.

- **¿Cuál es la calidad del agua disponible?** ¿Existe algún laboratorio cercano que pueda verificar la calidad del agua? Si es así, ¿qué parámetros de calidad debería comprobar?
- **¿Qué tan grande es la población que vas a atender y qué tan dispersa es?**
- **¿Cuánta agua planeas proporcionar por persona o por hogar?**
- **Finalmente, ¿cómo se distribuirá el agua limpia?**

De hecho, hay muchas preguntas, y ahí radica el dilema.

El objetivo de este libro es ayudarlo a responder estas preguntas para proporcionar agua limpia a las personas y las comunidades del mundo en desarrollo. Está escrito especialmente para ayudar a grupos humanitarios y organizaciones no gubernamentales (ONG) que puedan tener poca o ninguna capacitación en hidrología, recursos hídricos o ingeniería ambiental para evaluar cada situación única y elegir el sistema de suministro de agua adecuado.

La pregunta principal que se plantea a lo largo de las páginas de este libro es la siguiente: *Dado un escenario específico, ¿cuál es la mejor tecnología para proporcionar agua limpia, sostenible y económica a un hogar o comunidad?*

La necesidad global de agua limpia

Asegurarse de que haya fuentes de agua limpias, sanitarias e higiénicas para las naciones del mundo en desarrollo no es simplemente una buena idea, es realmente un asunto de vida o muerte, tan esencial para la futura coexistencia humana y animal como lo es resolver el desafío del cambio climático.

Como dijo el Dr. Tedros Adhanom Ghebreyesus, Director General de la Organización Mundial de la Salud (OMS): "El agua potable, el saneamiento y la higiene no deberían ser un privilegio solo para aquellos que son ricos y viven en centros urbanos. Estos son algunos de los requisitos más básicos para la salud humana, y todos los países tienen la responsabilidad de garantizar que todos puedan acceder a ellos".

Sin agua, Starbucks y Coca-Cola no podrían existir. De hecho, no habría humanos, ya que hasta el 60% de nuestro cuerpo está formado por esta molécula esencial, el componente básico de toda la vida tal como la conocemos.

El agua cubre alrededor del 70% de la superficie de la Tierra. Pero solo se requiere una cantidad sorprendentemente pequeña de cualquier contaminante físico, biológico o químico para que el agua sea peligrosa e incluso mortal. Por lo tanto, es esencial tener mucho cuidado y precaución.

El agua limpia es, simplemente, una necesidad humana fundamental y un derecho básico. Según la Organización Mundial de la Salud (OMS), cada persona en la tierra necesita entre 50 y 100 litros de agua limpia al día para beber, cocinar y bañarse. Los que usan agua contaminada están sujetos a contraer enfermedades agudas transmitidas por el agua como la fiebre tifoidea, el cólera y las hepatitis A y B.

Si bien el agua es obviamente una necesidad para la hidratación y la producción de alimentos, también es esencial para el saneamiento y la higiene. Su falta genera enfermedades y priva a las personas de su dignidad.

El estado de los suministros de agua potable se puede medir mediante cuatro características importantes: Calidad, cantidad, confiabilidad y costo.

Sin embargo, las fuentes de agua pueden ser variables y poco confiables. Su consistencia depende de factores en los que se incluyen la temporada, el año y la ubicación. La calidad es dependiente de los *niveles aceptables* de contaminantes físicos, biológicos y químicos considerados seguros para el consumo.

La relación de la vida con el agua se refleja en el hecho de que el agua se encuentra en todos los rincones de la Tierra, desde el desierto hasta los polos. Y donde sea que el agua fluya

Llevando agua en una aldea africana.

en este planeta, puedes estar seguro de encontrar vida. El lema de la NASA en su búsqueda de vida en otros planetas ha sido "seguir el agua".

Lamentablemente, y quizás de manera exasperante, el agua limpia sigue siendo un sueño imposible para muchos. Según la OMS, hay aproximadamente 800 millones de personas en el mundo (más de uno de cada diez) que no tienen acceso a agua limpia. Dicho de otra manera, la cantidad de personas que hoy no tienen acceso al agua potable es más del doble de la población de los Estados Unidos.

Además, según la OMS, entre 4.000 y 6.000 niños menores de cinco años mueren *cada día* en el mundo en desarrollo por falta de agua limpia y saneamiento. Unos 1,8 millones de personas en total mueren anualmente por enfermedades relacionadas con el agua y diarreas. Estas muertes son *evitables* por completo, ya que existe la tecnología para limpiar el agua más contaminada.

Términos como "Inodoros para grifos" o "Duchas para flores" son ciertos: Se puede lograr agua limpia en cualquier lugar; sin embargo, esto requiere coordinación local, conocimiento técnico, trabajo duro, determinación, voluntad política y fondos adecuados para garantizar que todas las personas en el planeta tengan acceso a agua limpia.

Recientemente escuché un excelente ejemplo de nuestra capacidad de producir agua potable bajo cualquier circunstancia durante una charla de Scott Kelly, el astronauta estadounidense, que ha pasado más tiempo en la Estación Espacial Internacional (EEI) que cualquier otra persona. En parte de la charla, describió cómo los astronautas obtuvieron su agua almacenando, tratando y reciclando su propia orina.

Al parecer, todos los astronautas contribuyeron con su orina a un reservorio común donde fue tratada. El agua resultante se bebió y se recicló una y otra vez. Como Scott estuvo en la EEI durante casi un año, bebió mucha orina tratada y reciclada. También mencionó que el agua de la EEI sabía mejor que el agua del acueducto de Florida.

Proveer agua limpia a hogares y comunidades en el mundo en desarrollo no es una tarea fácil. Los desafíos son grandes, pero se están haciendo progresos.

Los Objetivos de Desarrollo del Milenio de las Naciones Unidas (ODM)

https://www.who.int/topics/millennium_development_goals/about/en/

En el año 2000, todos los países del mundo se comprometieron a objetivos comunes, destinados a eliminar la pobreza extrema y el hambre, poner fin a la desigualdad de género, luchar contra la mortalidad infantil y materna, luchar contra las enfermedades y promover la sostenibilidad ambiental. Las naciones se comprometieron a cumplir objetivos específicos bajo esas metas. Un objetivo buscaba reducir a la mitad la proporción de la población mundial sin acceso sostenible al agua potable y al saneamiento básico para 2015.

Los objetivos de los ODM para el agua limpia se encontraban entre las más exitosas de todas las campañas de la ONU, ya que se lograron en 2010, cinco años antes de lo previsto. La cantidad de personas en el mundo que no tenían acceso a agua potable se redujo a la mitad durante los 20 años entre 1990 y 2010, con aproximadamente 2.100 millones de personas obteniendo acceso a agua mejorada durante ese tiempo. El número aumentó a 2.600 millones en 2015. (Nota: No se logró el objetivo de saneamiento).

Otros éxitos bajo los ODM incluyen:

1. La vacuna contra el sarampión previno aproximadamente 15,6 millones de muertes entre 2000 y 2013.
2. Las muertes maternas disminuyeron en un 45%.
3. La brecha mundial de género en la educación primaria se cerró dramáticamente.

Los Objetivos de Desarrollo Sustentable de la ONU (SDG por sus siglas en inglés)

https://sustainabledevelopment.un.org/?menu=1300

En 2015, al final de los ODM, las Naciones Unidas desarrollaron lo que denominaron sus Objetivos de Desarrollo Sostenible. Estos son 17 objetivos mundiales que espera alcanzar para 2030. Piense en ello como la más especial lista de deseos.

Incluye lo siguiente:

1. Sin pobreza
2. Sin Hambre
3. Buena salud y bienestar
4. Educación de calidad
5. Igualdad de género

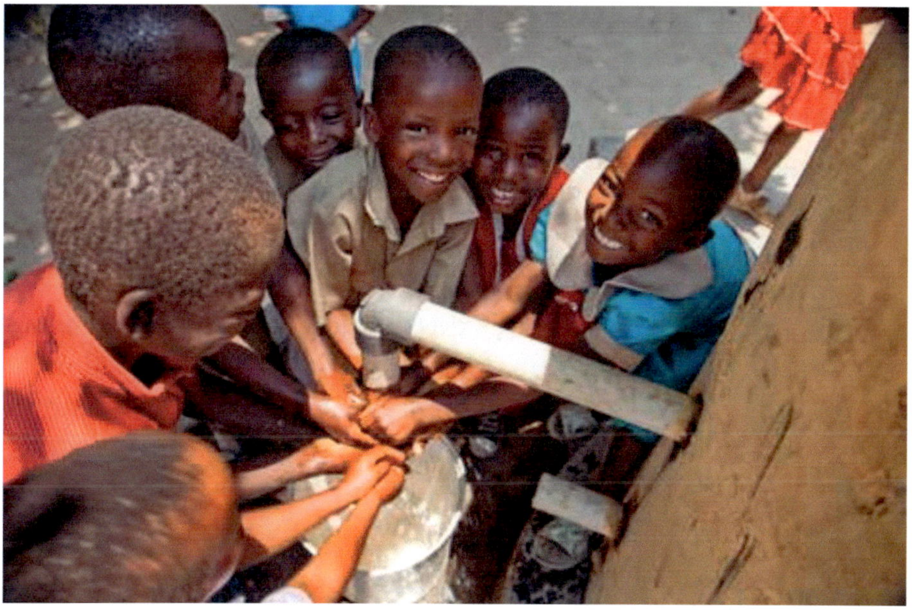

Los niños pequeños en Tanzania practican una higiene segura.

6. **Agua limpia y saneamiento**
7. Energía Asequible y Limpia
8. Trabajo decente y crecimiento económico
9. Industria, innovación e infraestructura
10. Menos desigualdades (oposición a la discriminación)
11. Ciudades y comunidades sustentables
12. Consumo y producción responsables
13. Acción climática
14. Vida bajo el agua
15. Vida en tierra
16. Paz, justicia e instituciones sólidas
17. Asociaciones para lograr los objetivos

El SDG para el agua, está diseñado para garantizar el acceso universal al agua potable y al saneamiento asequibles para 2030. Este énfasis por parte de la ONU es un buen augurio al mirar hacia un futuro de agua limpia para todos a fines de la próxima década.

El derecho humano al agua y al saneamiento (HRWS)

https://www.un.org/waterforlifedecade/human_right_to_water.shtml

Las Naciones Unidas también han proporcionado una guía para el agua limpia conocida como el derecho humano al agua y al saneamiento (HRWS). Elaborado en 2010 y revisado en 2015, los puntos clave del decreto HRWS son que nadie debe verse obligado a caminar más de un kilómetro a una fuente de agua dulce y que el tiempo de recolección no debe exceder los 30 minutos. La Asamblea General de la ONU declaró además que el agua potable es "esencial para el pleno disfrute de la vida y todos los demás derechos humanos".

El Decenio Internacional de Acción sobre el Agua para el Desarrollo Sustentable

https://www.un.org/es/events/waterdecade/

Las Naciones Unidas han declarado los años entre 2018 y 2028 como el Decenio Internacional de Acción sobre el Agua para el Desarrollo Sustentable, citando que 2.100 millones de personas carecen de acceso a servicios de agua potable administrados de manera segura y declarando que el agua debe ser:

- **Suficiente.** El suministro de agua para cada persona debe ser suficiente y continuo para usos personales y domésticos. Estos usos generalmente incluyen beber, saneamiento personal, lavado de ropa, preparación de alimentos, higiene personal y doméstica.
- **Segura.** El agua requerida para uso personal o doméstico debe ser segura, por lo tanto, libre de microorganismos, sustancias químicas y riesgos radiológicos que constituyan una amenaza para la salud de una persona. Las medidas de seguridad del agua potable generalmente se definen según las normas nacionales o locales en cuanto a la calidad

del agua potable. Las Directrices de la OMS para la calidad del agua potable proporcionan una base para el desarrollo de normas nacionales que, si se implementan adecuadamente, garantizarán la seguridad del agua potable.

- **Aceptable.** El agua debe ser de aceptable color, olor y sabor para su uso personal o doméstico. Todas las instalaciones y servicios de agua deben ser culturalmente apropiados y sensibles a los requisitos de género, ciclo de vida y privacidad.
- **Físicamente accesible.** Toda persona tiene derecho a servicios de agua y saneamiento que sean físicamente accesibles dentro o en las inmediaciones del hogar, la institución educativa, el lugar de trabajo o la institución de salud.
- **Asequible.** El agua y las instalaciones y servicios de agua deben ser asequibles para todos. El Programa de las Naciones Unidas para el Desarrollo (PNUD) sugiere que los costos del agua no deben exceder el 3% de los ingresos de los hogares.

Lo mínimo, entonces, es que todos los seres humanos tengan acceso a agua potable para proporcionar alimento, prevenir enfermedades, eliminar toxinas en el cuerpo, producir alimentos y mejorar las instalaciones de saneamiento. Cualquier cosa menos es *inaceptable*.

Este libro tiene como objetivo jugar un papel en hacer realidad lo anterior.

NOTA:

Todos los beneficios de la venta de este libro se destinarán a la Fundación Rotaria u otras ONG que trabajan para proporcionar agua potable a los países en desarrollo.

CAPÍTULO 1

FUENTE SEGURA

"Olvidamos que el ciclo del agua y el ciclo de vida son uno".

-Jacques Yves Cousteau

EL PRIMER PASO en el método de barreras múltiples de CAWST para proporcionar agua limpia a los hogares requiere que la fuente del agua sea segura. Es decir, es importante que la fuente de agua se selle de tal manera que los contaminantes, como la materia fecal de los animales y otros desechos, no puedan ingresar fácilmente a la fuente a través del flujo terrestre.

El agua de lluvia que cae en un campo que contiene materia fecal animal, contaminará el agua superficial que se escapa del campo. Esta agua contaminada puede fluir hacia una fuente de agua potable, como un pozo de agua descubierto o un canal abierto.

Uno puede pensar que la falta de agua segura sería un problema solo en los países en desarrollo. Sin embargo, este no es el caso. De hecho, las enfermedades transmitidas por el agua pueden convertirse en una epidemia, incluso con la mínima contaminación presente.

Los siguientes contaminantes se encuentran entre los más peligrosos y mortales:

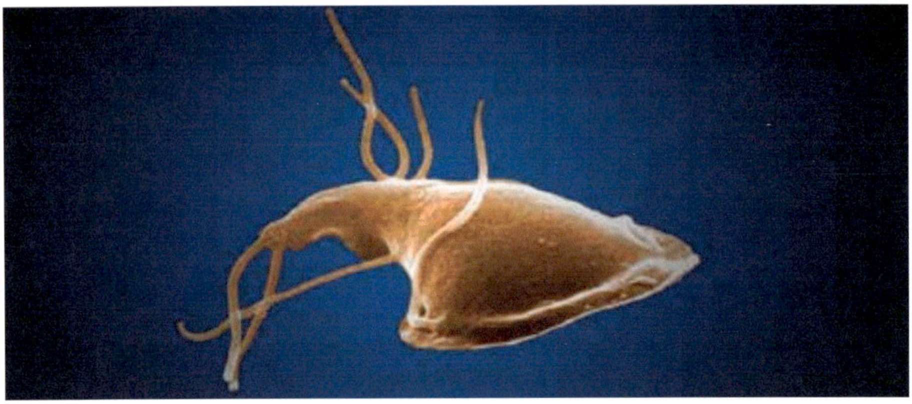

El parásito microscópico Cryptosporidium en agua.

- **CRIPTOSPORIDIO:** el *criptosporidio* refiere a parásitos microscópicos que pueden vivir en el intestino de humanos y animales. Se transmite por las heces de una persona o animal infectado. Este parásito está protegido por una capa externa que le permite sobrevivir fuera del cuerpo durante largos períodos de tiempo y lo hace extraordinariamente resistente a los desinfectantes a base de cloro.

  Durante los últimos 20 años, el Cripto, como se conoce comúnmente a la enfermedad y al parásito, se ha reconocido como una de las causas más comunes

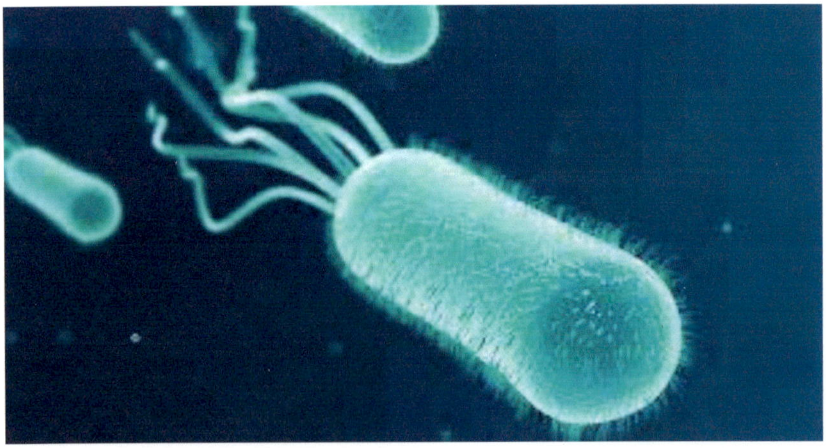

Escherichia Coli (mejor conocida como E. coli) en agua.

de enfermedades transmitidas por el agua (tanto en agua recreativa como en agua potable), en humanos en los Estados Unidos, así como en el resto del mundo. Se encuentra en todas las regiones de la tierra, tanto en ubicaciones industriales como no industriales. Los efectos de su contaminación incluyen diarrea acuosa, calambres estomacales, deshidratación, náuseas, vómitos y fiebre. Los síntomas generalmente persisten durante una a cuatro semanas.

- **ESCHERICHIA COLI:** mejor conocida como *E. coli*, fue descubierta en el colon humano en 1885 por el Dr. Theodor Escherich, un bacteriólogo alemán. Cuando se consume en agua, puede causar diarrea severa y otras enfermedades mortales en humanos.
- **GIARDIASIS:** esta es una infección principalmente del intestino delgado causada por el patógeno microscópico *Giardia lamblia.* El organismo está presente en las heces de humanos y animales infectados y se puede transmitir bebiendo agua potable contaminada o nadando y consumiendo el agua recreativa de piscinas contaminadas.

Las bacterias *Cryptosporidium, Escherichia Coli* y *Giardiasis* representan los principales riesgos para la salud de millones

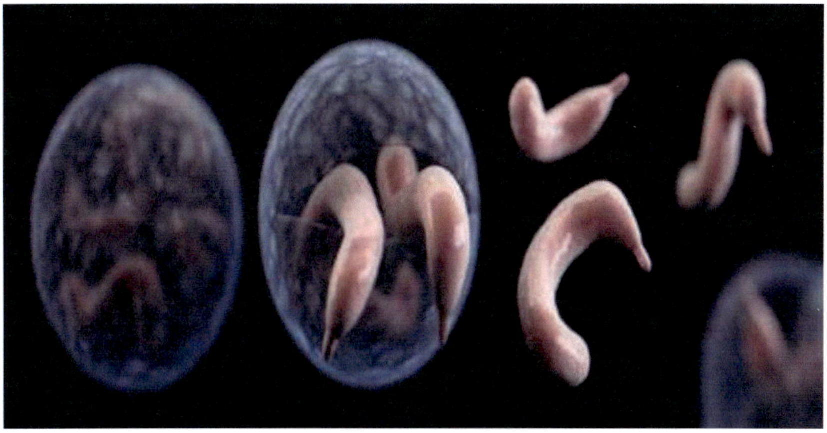

El patógeno Giardia lamblia en agua.

de personas en los países en desarrollo. Sin embargo, también representan riesgos para la salud en países desarrollados donde la fuente de agua se considera segura.

Por ejemplo, se enumeran a continuación cinco casos recientes en los que una fuente de agua segura se contaminó en países industrializados y relativamente avanzados, a veces con consecuencias devastadoras.

- En enero de 1987, el 20% de los 65.000 residentes del condado de Carroll, Georgia, sufrieron enfermedades intestinales graves causadas por el protozoo *Cryptosporidium*. El parásito se había transmitido a través del sistema público de agua. Una investigación posterior realizada por los Centros para el Control y la Prevención de Enfermedades (CDC por sus siglas en inglés) generó sospechas de que la contaminación se debió al ganado infectado que se bañaba en un río o en un derrame de aguas residuales.

  Un epidemiólogo de los CDC luego cuestionó si las normas de la EPA eran lo suficientemente estrictas como para garantizar que las plantas de tratamiento atraparan microorganismos de manera efectiva antes de que pudieran contaminar el suministro de agua.

- En marzo de 1993, el brote más grande de protozoos *Cryptosporidium* en la historia de los Estados Unidos ocurrió en la ciudad de Milwaukee, Wisconsin. Más de 400.000 residentes sufrieron enfermedades intestinales graves, incluidos calambres estomacales, fiebre, diarrea y deshidratación, y 69 personas murieron (la mayoría de ellas de edad avanzada o con sistemas inmunológicos afectados). La causa sospechosa fue la vertiente de desechos animales de los pastos que ingresan a la planta de tratamiento municipal.

- Entre julio y septiembre de 1998, estalló una crisis en Sydney, Australia, cuando se descubrió que el suministro de agua de la ciudad estaba contaminado por *Cryptosporidium* y *Giardia*. Este incidente fue muy publicitado y causó una alarma pública significativa, con avisos para hervir el agua del grifo.

  Se reveló que, no hubo ningún, o si acaso alguno, problema de salud de los que surgieron podría estar directamente atribuible al brote, lo que lleva a sospechar que los microbios no eran de tipo infeccioso o tan prevalentes como lo mostraron las mediciones. Más tarde se concluyó que la verdadera causa fue una serie de eventos de lluvia que pasaron por alto en el depósito de almacenamiento e ingresó esta agua a la planta de tratamiento.

- En mayo de 2000, un pozo que suministraba agua a la ciudad rural de Walkerton, Ontario, Canadá (población 4.967 en 2011), estaba contaminado con la vertiente de aguas superficiales de granjas cercanas. El pozo no había sido debidamente tapado con concreto. La vertiento contaminada contenía una cepa peligrosa de *E. coli*, y la mitad de la población

Protestas durante la actual crisis de agua en Flint, Michigan.

se enfermó. Siete personas murieron. En última instancia, la contaminación se remonta a una fuente que se había identificado más de dos décadas antes como una amenaza para el sistema de agua potable, pero no se habían tomado medidas para manejar el riesgo para la salud pública.

- En abril de 2014, la ciudad de Flint, Michigan, se encontró en el centro de una grave crisis de agua cuando, en un movimiento para ahorrar costos, la ciudad cambió su suministro de agua potable del sistema de Detroit al río Flint contaminado. El agua maloliente, descolorida y de mal sabor se introdujo en los hogares Flint durante unos 18 meses, produciendo erupciones cutáneas y pérdida de cabello en los residentes que se atrevieron a beberla. Las muestras de agua recolectadas en 252 hogares indicaron niveles elevados de plomo. En septiembre de 2015, los niveles de plomo en la sangre de los niños de toda la ciudad casi se duplicaron en 17 meses. También se detectaron bacterias coliformes fecales en el agua en 2014.

Residentes recogiendo agua entregada por un petrolero en el distrito de Royapettah de Cennai, India, en junio de 2019. (Rebecca Conway para The New York Times*)*

La medida correctiva de la ciudad para la bacteria, agregar más cloro, creó niveles elevados de trihalometanos totales (TTHM) que causan cáncer.

- Una historia en *The New York Times* en junio de 2019 sobre una crisis de agua en Chennai, una ciudad de casi cinco millones de personas en la costa sureste de la India demostró los peligros que pueden surgir cuando los débiles monzones y el drenaje de las aguas subterráneas conspiran para dejar una metrópoli en sequía. De la historia:

> Cuando se acaba el agua, te bañas con lo que gotea del aire acondicionado. . . . Todos los días, 15.000 camiones cisterna transportan agua del campo a la ciudad. Donde quiera que mires, filas de cubetas de agua de plástico de neón brillante están alineadas a lo largo de los carriles, esperando. https://www.nytimes.com/2019/07/15/opinion/india-water-crisis.html

Fuentes de agua

Una cuenca hidrográfica (también conocida como captación), puede definirse como un área geográfica confinada donde el agua vertiente fluye hacia un arroyo o río y sale en un solo punto.

Las cuencas hidrográficas proporcionan fuentes de agua potable, hábitats para plantas y animales, agua para ganado y riego, y otras oportunidades. En algunas áreas del mundo, como Australia, están protegidas y tienen acceso humano limitado. Tienden a variar mucho en tamaño, y las vertientes hidrográficas más grandes, como el río Mississippi, se conocen como cuencas.

Proteger nuestras fuentes de agua de toxinas y contaminantes requiere una vigilancia incesante, ya que el agua en sí es especialmente vulnerable a la contaminación. Como solvente universal, es capaz de disolver más sustancias que cualquier otro líquido en la tierra. Es por eso que el agua se contamina tan fácilmente.

La abundancia y la necesidad del agua no la protegen de los contaminantes. A continuación, se enumera un método que puede emplearse en la fuente para garantizar que el agua pueda ser tratada posteriormente para generar agua potable:

- Si la fuente de agua es un pozo, debe cubrirse con una tapa de concreto e inclinarse para drenar el agua superficial lejos de la cubierta del pozo. También debe ubicarse al menos a 30 metros de cualquier sistema séptico, así como de cualquier área de corral, alimentación de ganado y riego. Debe ubicarse a ocho metros de cualquier arroyo, río, estanque o lago.

Una variedad de fuentes puede hacer que el agua del pozo se contamine. Varios contaminantes que ocurren naturalmente pueden presentar un riesgo para la salud si se encuentran en el agua potable. Estas incluyen bacterias, virus, uranio, radio, nitrato, arsénico, cromo y fluoruro. El agua que fluye a través de las formaciones de rocas geológicas, que ocurren

Un niño en Etiopía con su hermano sobre su espalda se lava las manos con una bomba.

naturalmente, filtra minerales que posteriormente pueden ingresar al suministro de agua desde un pozo.

Otras fuentes de contaminación de pozos son el resultado de la actividad humana, como la fabricación o la agricultura, o el mal uso individual. Las siguientes actividades pueden causar que químicos dañinos ingresen al suministro de agua del propietario del pozo:

- Fugas de la eliminación de residuos, el tratamiento o los sitios de almacenamiento de petróleo.
- Descargas de fábricas, sitios industriales o instalaciones de tratamiento de aguas residuales.
- Lixiviación de la aplicación aérea o terrestre de pesticidas y fertilizantes en patios o campos.
- Derrames accidentales de químicos.
- Fugas de tanques de almacenamiento subterráneos.
- Eliminación inadecuada de desechos domésticos, como líquidos de limpieza, pintura y aceite de motor.

Los propietarios de los pozos generalmente desinfectan o tratan el agua de sus pozos para eliminar los contaminantes causados por tales actividades. En todos los casos, la vigilancia es clave.

Agua cargada de sedimentos en Bangladesh.

Si la fuente de agua proviene de un canal abierto, el agua de la fuente debe dirigirse a una tubería como de cloruro de polivinilo (PVC) o una tubería de cobre que se considera segura para el agua potable.

- Si la fuente de agua es la recolección de agua de lluvia (vea el Capítulo 7), los primeros dos milímetros de lluvia deben dirigirse a un contenedor de derivación y desecharse antes de que el resto se recolecte en un contenedor de almacenamiento primario. El mejor contenedor de almacenamiento para recoger agua de lluvia es un tanque de cisterna.
- Es importante tener en cuenta que el agua que se origina en un manantial, agua subterránea o manto de nieve y, por lo tanto, puede parecer limpia y potable, debe tratarse antes de su uso, debido a la posible contaminación por causa de la actividad humana.

El principal modo de transporte de agua en muchos países en desarrollo sigue siendo bidones, que generalmente contienen 20 litros. Este método tiende a ser peligroso, como resultado de la contaminación debido a la limpieza y desinfección inadecuadas del receptáculo.

Se debe usar un desinfectante de alta resistencia a base de cloro para limpiar los bidones antes de enjuagarlos con agua limpia. Este método protege contra la transmisión de contaminantes y toxinas. Los bidones se pueden llenar con agua limpia antes del transporte.

Si bien pocas personas que recuperan agua en bidones para su uso diario entienden el método adecuado de desinfección, el intercambio de bidones sucios por bidones limpios en el punto de suministro, como en un quiosco, antes del llenado ha demostrado ser una solución efectiva.

Capítulo 2

EXTRACCIÓN DE SEDIMENTOS

"Para muchos de nosotros, el agua limpia es tan abundante y fácilmente disponible que rara vez, si es que alguna vez, hacemos una pausa para considerar cómo sería la vida sin ella".

-Marcus Samuelsson

Eliminar el sedimento suspendido es el segundo paso en el método de barreras múltiples para proporcionar agua potable a los países en desarrollo. El tamaño del sedimento puede variar desde pequeñas partículas de arcilla hasta arena y rocas más grandes. El agua cargada de sedimentos no solo es desagradable para beber, sino que también puede contener contaminantes químicos y biológicos nocivos que se adhieren a las partículas.

Todos hemos visto la evidencia de sedimentos suspendidos o turbiedad en el agua. (Para los fines de este libro, el sedimento y la turbiedad se usan indistintamente). Es el color marrón que hace que el agua sea opaca, de aspecto sucio y no apta para beber.

Llenar un vaso con agua turbia te dará una buena idea de cómo luce el sedimento suspendido. También notarás que, si no se toca, el sedimento suspendido se deposita gradualmente en el fondo del vaso. Pero esto no asegura que el agua clara sea potable. Primero debe ser filtrada y desinfectada.

Las inundaciones o una perturbación del suelo, como un terremoto, pueden hacer que los sedimentos penetren en los acuíferos y que el agua del pozo parezca turbia. La lixiviación de minerales del suelo circundante también puede causar coloración del agua del pozo. El sedimento puede ser un indicador de que puede haber un problema con una bomba de pozo u otros elementos como filtros o pantallas de filtro.

Un problema con el sedimento es que puede obstruir rápidamente los filtros. Por lo tanto, se debe extraer hasta lograr niveles *aceptables* antes de que el agua entre en cualquier filtro. Por ejemplo, los filtros de membrana deben lavarse con agua limpia, en ocasiones hasta una vez por día. Una vez que los filtros se han obstruido con sedimento, se vuelven inútiles y, si no se lavan a contracorriente, a menudo deben desecharse.

El retrolavado se refiere al proceso en el que el agua es forzada en sentido inverso al flujo regular a través de un filtro de membrana, ya sea mediante la gravedad o mediante bombeo. El método utilizado para realizar el proceso de retrolavado varía según el tipo de filtro de membrana. Algunos filtros de membrana tienen capacidad de retrolavado automático o semiautomático, mientras que otros requieren retrolavado manual utilizando, por ejemplo, una jeringa. El proceso debe continuarse hasta que el efluente de retrolavado fluya limpio, sin ninguna evidencia de sedimento en el agua.

Otros contaminantes también pueden causar sedimentos en agua de pozos. El hierro, que es un mineral, y las bacterias se pueden combinar para crear una película gelatinosa en el agua. Las manchas negras pueden ser causadas por complejos de manganeso en el agua. El lodo también puede contener cloruros, sulfatos y bacterias peligrosas.

Los problemas de salud más comunes derivados de los sedimentos son síntomas similares a los de la gripe y molestias gastrointestinales leves. Sin embargo, si el sedimento contiene bacterias o virus peligrosos, los problemas de salud pueden ser mucho más graves.

Existen varios métodos para eliminar los sedimentos del agua. Independientemente del método, el primer paso es determinar la concentración de sedimento presente en el suministro de agua.

Medición de la cantidad de sedimento en el agua

Hay tres técnicas de uso común:

1. **El disco Secchi:** El Disco Secchi fue creado en 1865 por Ángelo Secchi (1818-1878), un sacerdote jesuita italiano. El disco marcado en blanco y negro, que se puede adquirir en una variedad de diámetros, se conecta a un poste o cuerda y se baja al agua hasta que ya no se puede ver.

   La profundidad del disco desde la superficie del agua cuando ya no es visible mide la transparencia del agua. Un uso importante de este disco es que

Un disco Secchi, que mide la cantidad de sedimento en el agua.

la lectura de profundidad puede proporcionar una indicación de los cambios en la claridad del agua con el tiempo. El usuario de este dispositivo tendrá que determinar empíricamente el nivel de transparencia que puede ser tolerado por el filtro de agua que se utilizará posteriormente. Una clara ventaja de este dispositivo en un país en desarrollo es que no se necesita electricidad para su funcionamiento y es relativamente económico ($ 24 USD en Amazon.com en 2019).

El disco Secchi original se utilizó en el mar Mediterráneo. Fue modificado en 1899 por George C. Whipple, quien dividió el disco en cuadrantes pintados alternando en blanco y negro. Sus lecturas no proporcionan una medida precisa de transparencia, lo que explica los errores derivados del resplandor del sol o dos personas que ven el disco a diferentes profundidades. Pero unos 150 años después de su invención, es lo suficientemente preciso como para seguir siendo el estándar de medición de la claridad del agua.

Uno de los usos más notables del disco Secchi se produjo en el lago Tahoe, que se encuentra en las montañas de Sierra Nevada, entre los estados de California y Nevada. Este uso se ha producido como parte de la campaña "Keep Tahoe Blue" (Mantengamos azul el lago Tahoe), donde los sedimentos de la cuenca circundante han disminuido la claridad del lago en las últimas décadas. Las mediciones de Discos Secchi han sido utilizadas por el Centro de Investigación Ambiental Davis de la Universidad de California para medir la claridad del lago Tahoe desde la década de 1960.

2. **El nefelómetro:** El nefelómetro (*nephelo* - traducción griega de *nublado*) es un instrumento electrónico que

mide la concentración de partículas suspendidas en el agua mediante la medición de la dispersión de un haz de luz que pasa, perpendicularmente, a través de la muestra de agua. La lectura del nefelómetro se llama Unidad de turbidez del nefelómetro (NTU por sus siglas en inglés).

La mayoría de los filtros de agua de membrana requieren un NTU de menos de 50 para su agua afluente. Las desventajas del medidor NTU son que es costoso y que requiere electricidad o baterías para funcionar.

Además, para obtener NTU correctas y útiles, se deben tomar muestras de agua de gran tamaño, con una amplia variedad de NTU, para utilizarlas como controles, comparando los valores con la fuente de agua que se está probando.

El nefelómetro de batería es una forma simple de determinar el nivel de NTU en un área remota que puede no tener electricidad disponible. Los medidores NTU que pueden medir valores de hasta 2.000 NTU están disponibles por Internet.

3. **Prueba de campo para turbiedad:** Si no hay un medidor de NTU disponible, un método muy simple para medir la cantidad de sedimento suspendido en

Muestras de turbiedad del agua.

una fuente de agua es llenar una botella plástica de un litro, limpia, clara y transparente con el agua que se desea comprobar. Esta botella se coloca encima de un periódico. Si, al mirar a través de la botella (de arriba abajo), puedes leer los titulares en el periódico, el nivel de turbiedad de NTU es de 30 o menos.

Remoción de sedimento del agua

La necesidad de eliminar el sedimento antes de filtrar el agua es imperativa. Existen varios métodos para la eliminación de sedimentos del agua.

Agua cargada de sedimentos en Senegal.

1. El proceso más común es simplemente dejar el agua en un barril. Cuanto más grande sea el barril, mejor. Un barril de 200 litros es ideal. La mayoría de las partículas de sedimento bajo la influencia de

la gravedad caen al fondo del barril en 24 horas. (Si tiene conocimiento de ciencias, recordará la Ley de Stokes, que define la fuerza de arrastre que existe entre una esfera que se mueve a través de un fluido con velocidad constante. La viscosidad es la resistencia de un fluido a fluir, y al aumentar la viscosidad, la velocidad de la esfera disminuye). El agua en la parte superior del barril ahora se puede decantar hacia otro recipiente antes de ser filtrada.

2. Otro medio económico de eliminar el sedimento del agua es verter el líquido cargado de sedimento a través de una tela que está unida a la parte superior de un balde de 20 litros. La tela elimina parte del sedimento y el agua más limpia pasa al balde de abajo.
3. El procedimiento descrito en los dos pasos anteriores se puede mejorar agregando sulfato de aluminio (comúnmente conocido como alumbre) al agua cargada de sedimentos. El alumbre es un agente floculante, lo que hará que las partículas de sedimento se coagulen y desciendan al fondo del barril más rápidamente. Se ha utilizado desde la antigüedad y, junto con la filtración, sigue siendo el estándar en los procesos convencionales de tratamiento de agua.

Este proceso puede mejorarse aún más agitando el agua a medida que se le agrega el alumbre. He visto alumbre a la venta en Kenia y Vietnam por $ 1 USD por kilogramo. La cantidad de alumbre que se agregará dependerá de la cantidad de sedimento en el agua y del tamaño del barril que se utilice. A través de un proceso de prueba y error, se podrá obtener agua con menos de 50 NTU. El rango de cantidad de alumbre a usar puede variar de 5 mg/litro a 85 mg/litro, con un promedio de 17 mg/litro.

Sigue habiendo debate sobre el uso de alumbre en el tratamiento del agua debido a las sospechas que vinculan al aluminio con la enfermedad de Alzheimer. Sin embargo, en el momento de este escrito, no hay relación definitiva que haya sido establecida. Después de la limpieza del agua cargada de sedimentos, el alumbre se filtra, pero una pequeña fracción permanece disuelta en el agua residual.

4. Un cuarto método implica el uso de un filtro de arena. Puede ser grande o pequeño. Se puede hacer uno pequeño como se describe a continuación, utilizando una cubeta de 20 litros.
   a. Taladre varios agujeros de 6 mm en la parte inferior de la cubeta.
   b. Llene el fondo de la cubeta, a una profundidad de 50 mm, con grava limpia de 13 mm.
   c. Agregue otros 50 mm de grava limpia de 6,5 mm
   d. Finalmente, agregue 300 mm de arena limpia de 1 mm.

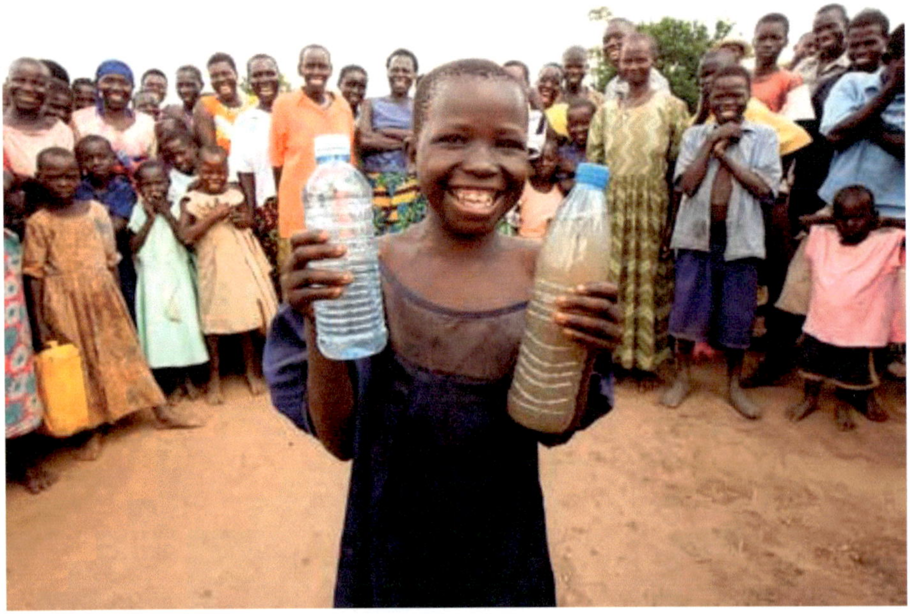

Una niña liberiana muestra la diferencia entre agua cargada de sedimentos y agua limpia.

El agua que contiene sedimento se agrega a la parte superior de la arena en el balde, y el agua, en gran parte libre de sedimento, se recoge como efluente. Este procedimiento se usó con éxito en mi clase del Seminario de primer año en la Universidad de California, Berkeley.

5. Se puede construir un filtro de arena grande de la misma manera, con capas de arena limpia y grava, como se describe en el cuarto método anterior. Estos grandes filtros de arena se construyen en el campo llenando un recipiente, como un tanque de agua Rotoplas, disponible en todo el mundo en una amplia variedad de tamaños, con capas de arena y grava. La profundidad de cada capa de arena limpia y grava se reduciría al tamaño del tanque.

El agua cargada de sedimentos se vierte en la parte superior del tanque y se le permite filtrarse a través de la arena y la grava a una salida en el fondo del tanque.

Si hay electricidad disponible, se puede bombear agua limpia y filtrada hasta un segundo tanque a una altura más alta. Esta agua puede usarse para retrolavar el filtro de arena. Si no hay electricidad disponible, la capa superior de arena deberá limpiarse periódicamente. Según mi experiencia, estos filtros de arena deberán limpiarse aproximadamente una vez cada tres semanas.

Capítulo 3

FILTRACIÓN

"El agua es el problema de recursos más crítico de nuestra vida y la vida de nuestros hijos. La salud de nuestras aguas es la medida principal de cómo vivimos en la tierra".

-Luna Leopold

El tercer paso en el método de barrera múltiple de CAWST es la filtración del agua. La filtración de agua elimina la mayoría de los patógenos y es uno de los pasos más importantes para proporcionar agua limpia a los países en desarrollo.

Se presentarán tres tipos de filtros: 1. Filtros de bioarena; 2. Filtros de membrana; y 3. Filtros de cerámica. Cada uno de estos filtros tiene sus propios atributos, ventajas y desventajas.

Lo importante al seleccionar el tipo de filtro es que debe proporcionar un caudal suficiente y un costo asequible para cada situación. Estos tres métodos de filtración se presentan en los Capítulos 3.1, 3.2 y 3.3.

CAPÍTULO 3.1

Filtros de bioarena

Introducción: Dr. David Manz, el inventor del filtro de agua bioarena

El Dr. David Manz era profesor de ingeniería en la Universidad de Calgary cuando desarrolló el filtro de bioarena para hogares en la década de 1990. https://manzwaterinfo.ca/

Debido a las necesidades de agua potable que observó mientras viajaba por Sudáfrica y Filipinas, Manz decidió que quería usar su posición como ingeniero educador para desarrollar soluciones a los problemas en los países en desarrollo. El filtro de bioarena doméstico resultante es una versión reducida de la filtración lenta de arena, que se ha utilizado en el tratamiento de agua potable a gran escala durante muchos años.

Después del desarrollo inicial y las pruebas en la universidad, el filtro de bioarena se probó en el campo en un proyecto piloto nicaragüense de 1993. La tecnología se usó ampliamente en varias áreas del mundo, un éxito que se puede atribuir a su bajo costo, su capacidad de construcción local, facilidad de uso y aceptación cultural.

En 2001, Manz cofundó el Centro de Tecnología de Agua y Saneamiento Asequible (CAWST por sus siglas en inglés) con Camille Dow Baker, un veterano del sector energético que estudiaba diseño ambiental en la Universidad de Calgary. La meta de CAWST era proporcionar el apoyo educativo y de capacitación necesario para la distribución de agua limpia y tecnología de saneamiento en los países en desarrollo. Continúan refinando la tecnología para mejorar su efectividad y viabilidad. CAWST actualmente recomienda el uso de la Versión 10 del diseño del filtro de bioarena. https://www.cawst.org/services/expertise/biosand-filter/more-information

Manz patentó el diseño del filtro para garantizar que continuaría siendo distribuido sin costo. Como resultado de su trabajo, el Dr. Manz recibió el más alto honor de Alberta, la Orden de Excelencia, en 2015. Es miembro de la Academia Canadiense de Ingeniería.

La caja del filtro de bioarena contiene varias capas de arena y grava. Primero, una grava gruesa de 12 mm de diámetro, 55 mm de profundidad recubre el fondo para el drenaje. Luego, se agrega una capa de 50 mm de profundidad de grava fina de 6 mm como capa de soporte. Gran parte del resto del recipiente está lleno de arena limpia y tamizada. La profundidad ideal de la capa de arena es de 543 mm. El tamaño de partícula de arena debe ser 0,7 mm o menor.

Además de los materiales necesarios para construir el filtro de bioarena, los usuarios necesitarán dos cubetas: una para recolectar el agua cruda que ingresa al filtro y otra para recolectar el agua tratada. El agua tratada debe recogerse en un recipiente de almacenamiento seguro de aproximadamente 20 litros. Es clave que los usuarios no confundan las dos cubetas, que podrían contaminar el agua tratada.

Se debe ofrecer educación sobre la importancia de la separación de las cubetas. Usar cubetas de dos colores diferentes, un color para la recolección del agua cruda y un color diferente para el agua tratada es una solución excelente.

La filtración física a través de la arena en el filtro de bioarena se ve reforzada por la presencia de una biocapa. La biocapa es una capa viva de organismos, que incluye bacterias no patógenas, hongos, protozoos, larvas de insectos, algas y gusanos, que se forma en los primeros milímetros de la columna de arena. Los organismos en la biocapa mejoran la filtración de agua cruda al alimentarse de bacterias patógenas, eliminándolas. La mayor parte de la actividad de estos organismos se concentra en la parte superior de la capa de arena, aunque un gradiente decreciente de su actividad se extiende más profundamente en la capa de arena.

Una desventaja del filtro de bioarena es que generalmente requiere varias semanas (10-20 días) para que la biocapa crezca. A esto se le llama la "maduración" de la biocapa. Durante este tiempo, la arena filtrará algunos contaminantes del agua que la atraviesa, pero no todos los patógenos se eliminarán con total eficacia. Se debe agregar agua cruda al filtro diariamente durante el período de maduración.

La operación general de un filtro de bioarena implica agregar agua cruda al filtro desde la parte superior. La capa superior de arena está separada del espacio de agua cruda por una placa difusora, que evita la interrupción de la biocapa al agregar agua. Encontré en mi laboratorio de Berkeley en California que agregar una capa de grava de 25 mm a la parte superior de la placa difusora, protegía aún más la biocapa cuando se agregaba agua cruda al filtro de bioarena.

El agua viaja a través del filtro por gravedad. No se requiere presurización ni electricidad. A medida que el agua atraviesa la biocapa, los organismos allí consumen muchos patógenos.

Además de la biocapa, la filtración adicional en la capa de arena ocurre a través de tres mecanismos: Atrapamiento mecánico, absorción y muerte natural. La filtración mecánica atrapa partículas vivas y no vivas en la capa de arena, que son demasiado grandes para pasar a través de los espacios intersticiales en la arena. Las partículas de arena absorben otras partículas contaminantes, o experimentan la muerte natural debido a la falta de alimentos u oxígeno.

Agregar agua a la parte superior del filtro empuja el agua limpia en el filtro de bioarena a través de los tubos difusores inferiores hacia el tubo de efluente, desde el cual se puede dispensar el agua. La parte superior del tubo de efluente está 50 mm por encima de la parte superior de la capa de arena. Esto asegura que quedará suficiente agua en el filtro para mantener la biocapa húmeda, pero que suficiente oxígeno puede difundirse para soportar los organismos que contiene.

La tubería de efluente debe estar dentro del hormigón de la carcasa del filtro o completamente fuera del filtro. La tubería de efluente nunca debe colocarse dentro del filtro, ya que eso provocaría que el agua contaminada corra por los lados de

Una familia guatemalteca con su filtro de bioarena.

la tubería, y no a través de la columna de arena, eliminando así el proceso de filtración o purificación. Para evitar la recontaminación del agua limpia, la boca de la tubería de efluente debe limpiarse regularmente con cloro o agua y jabón simple.

Colectivamente, los componentes de un filtro de bioarena eliminan la mayoría de los patógenos. Se recomienda que el nivel de sedimento en el agua influyente sea <50 NTU. (Ver Capítulo 2.) Se ha demostrado que el filtro de bioarena elimina hasta el 95% de la turbiedad, el 98,5% de las bacterias, el 99,9% de los protozoos, el 70% al 99% de los virus y el 100% de los gusanos del agua de origen (CAWST).

Estas eliminaciones dan como resultado una reducción del 40% al 59% en la enfermedad diarreica en poblaciones de usuarios de bioarena y filtro. Debido a que algunos virus más pequeños escapan del tratamiento, se recomienda agregar cloro al agua tratada en áreas donde hay virus. (Ver Capítulo 4.) Los filtros de bioarena no eliminan eficazmente los productos químicos inorgánicos y orgánicos disueltos, pero eliminan hasta el 95% del hierro oxidado y pueden reducir otros problemas estéticos desagradables (CAWST)

Los filtros de bioarena generalmente se construyen para un hogar individual. Los filtros contienen aproximadamente 12 a 15 litros de agua, dependiendo del tamaño del recipiente. Un recipiente lleno de 20 litros de agua cruda viajará a través de un filtro de bioarena que funciona a un flujo óptimo de 0,7 litros/min en aproximadamente 20 minutos. El flujo se hace más lento a medida que el agua se drena, dejando menos presión para empujarlo a través del filtro de bioarena.

Se debe agregar agua diariamente, o al menos cada 48 horas, y se puede complementar hasta cuatro veces al día. Cuatro descargas a través del filtro de bioarena pueden producir de 48 a 60 litros por día, suficiente agua potable para cuatro o cinco personas. La salida variará con la construcción y el mantenimiento del filtro.

Se debe evitar el filtrado continuo de agua, y se recomienda un período mínimo de una hora entre filtrados. De seis a doce horas entre filtrados es lo ideal. Una pausa inadecuada entre las alimentaciones puede dar lugar a que los patógenos escapen del tratamiento, ya que los organismos de la biocapa tendrían un tiempo insuficiente para consumirlos.

Debido a que la funcionalidad del filtro de bioarena depende de un grupo de organismos vivos, hay ciertas condiciones de agua cruda que deben evitarse. El agua clorada matará a los organismos benéficos en la biocapa. Los filtros de membrana (ver Capítulo 3.2) son los preferidos para tratar el agua en áreas donde se clora antes de la distribución. Permitir que el filtro se congele o se seque también matará la biocapa. Se debe agregar agua al filtro al menos una vez al día para evitar que los organismos en la biocapa se sequen y se mueran de hambre.

Los filtros de bioarena requieren un mantenimiento simple. Una velocidad de flujo más lenta después de unos meses de uso indica que es necesaria una limpieza. El filtro se limpia mediante un proceso llamado "remolino y volcado".

Los pasos básicos son los siguientes:

1. Agregue agua al filtro hasta que esté lleno, luego retire la tapa del recipiente y la placa difusora.
2. Mueva suavemente la palma de su mano con movimientos circulares sobre la arena. Intente perturbar la capa superior de arena (solo 0,5 cm de profundidad) para mezclarla con el agua en la parte superior del filtro. En áreas donde el contacto cutáneo con el agua puede causar infección, se puede usar un cepillo rígido o un rastrillo pequeño.
3. Una vez que la arena se asiente, retire el agua sucia con una taza o cucharón.
4. Lave la tapa y la placa del difusor con jabón y agua limpia antes de volver a armar el filtro.
5. Lávese las manos con jabón y agua limpia.

La limpieza adecuada no debe provocar una interrupción del rendimiento por parte de la biocapa. Sin embargo, cavar demasiado profundo en la arena perturbará la biocapa y puede perjudicar permanentemente el funcionamiento del filtro. También puede dar lugar a problemas de color, sabor y olor derivados de la descomposición del material orgánico en capas anaeróbicas.

Durante varios meses a un año, incluso con una limpieza adecuada y regular, la velocidad de flujo del filtro puede continuar disminuyendo. Es probable que esto sea causado por la acumulación de sedimentos finos en capas a las que no llega la limpieza de remolinos y vertederos. Puede ser necesario quitar los 5 cm superiores de arena y enjuagarlos bien con agua limpia antes de volver a colocarlos en el filtro. Después de este raspado, la biocapa necesitará varios días para reformarse antes de que el filtro pueda reanudar la funcionalidad completa.

El uso de una fuente de agua que contiene sedimento hará que el filtro se obstruya y aumente la frecuencia de las limpiezas necesarias. Los sólidos del agua turbia obstruyen los espacios intersticiales en la arena, inhibiendo el flujo y la filtración. Dejar reposar el agua cruda durante la noche antes de agregarlo al filtro permite un poco de sedimentación de sólidos, lo que resulta en menos obstrucción. El pre filtrado de agua con turbiedad superior a 50 NTU reducirá la obstrucción. (Ver Capítulo 2.)

Tenga en cuenta que la turbiedad del agua cruda puede aumentar significativamente durante la temporada de lluvias. En consecuencia, los usuarios deben ser informados sobre este paso adicional, incluso si no es necesario en el momento del inicio del programa.

Los filtros de bioarena ofrecen un método de tratamiento de punto de uso económico ($ 25 - $ 100 US por unidad) que es fácil de instalar, usar y mantener. Sin válvulas ni piezas móviles y sin requisitos de energía, son fáciles de operar incluso en las áreas más remotas con un entrenamiento mínimo. Si es necesario, pueden repararse con materiales locales.

Filtros de bioarena implementados en Socorro, Guatemala.

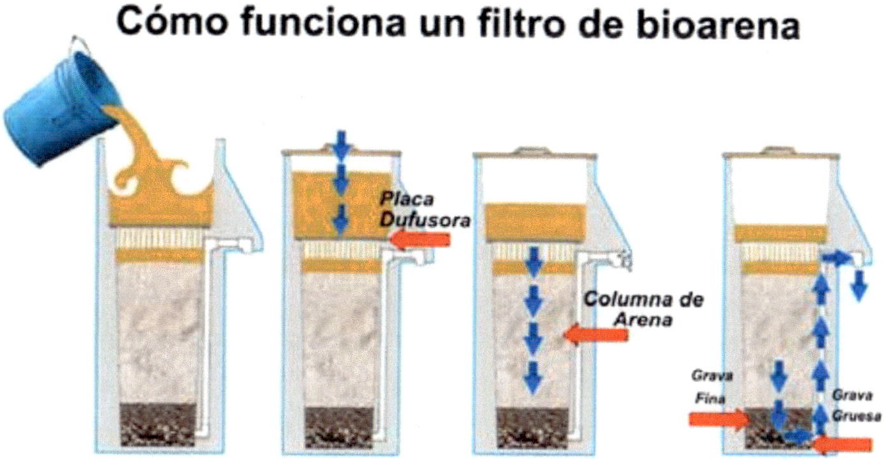

Muchos filtros de bioarena en todo el mundo siguen siendo funcionales después de más de 10 años de uso. Un estudio de 2008 de cinco sistemas de punto de utilización, incluidos los filtros cerámicos, la desinfección solar, la coagulación y la cloración, descubrió que los filtros de bioarena y los filtros cerámicos (véase el Capítulo 3.3) son el sistema más eficaz en términos de facilidad de uso, tiempo de tratamiento, costos de tratamiento, sustentabilidad y calidad y cantidad de agua tratada. (*Sosbey et al. 2008*)

Puede encontrar información técnica adicional sobre filtros de bioarena, incluidas las respuestas a las preguntas a través de tableros de mensajes y chat en vivo, en http://www.biosandfilters.info, un sitio web administrado por CAWST.

1. Como se ilustra arriba, el agua cruda se vierte primero en el filtro sobre una placa difusora. La placa difusora es importante porque sin ella, el vertido puede ser tan violento que puede perturbar la importante biocapa, haciendo que todo el filtro sea ineficaz.

2. La biocapa se forma durante un período inicial de dos semanas, en la parte superior de la columna de arena después de ensamblar el filtro. La biocapa necesita

estar constantemente mojada. Dependiendo de la temperatura y la evaporación, este requisito puede cumplirse mediante la adición de agua al filtro de bioarena al menos una vez al día. La biocapa es una capa de bacterias "buenas" que se verán como musgo. Mata los patógenos a través de la depredación, el proceso por el cual las bacterias inofensivas eliminan los patógenos nocivos del agua potable.

3. Luego, el agua atraviesa la columna de arena. En la columna de arena, se produce atrapamiento mecánico, absorción y muerte natural de los patógenos. En el atrapamiento mecánico, la turbiedad y los patógenos más grandes quedan atrapados porque no pueden fluir a través de la arena. En absorción, los patógenos pueden adherirse a la arena y ser destruidos por los organismos que existen en la biocapa. La muerte natural ocurre cuando los patógenos ya no tienen suficientes nutrientes u oxígeno para sobrevivir.

4. El agua luego viaja a través de la grava fina y la grava gruesa donde permanece hasta que el filtro de bioarena se recarga con agua. Dado que los filtros de bioarena son impulsados por la gravedad, una vez que el nivel del agua es parejo con el nivel de la boca del efluente, el agua dejará de fluir. Por lo general, los filtros de bioarena contienen aproximadamente 12 litros de agua. Proporcionan 48 litros por día si se recargan cuatro veces al día. Una vez que se vierten 12 litros de agua en la parte superior del filtro, se expulsará el agua limpia de la parte inferior.

5. Por último, el agua viaja a través del tubo de efluentes hasta el pico y dentro de un balde limpio. La tubería debe estar dentro del hormigón o fuera del filtro; la tubería no puede pasar por el interior del filtro porque podría causar un cortocircuito, lo que significa

que el agua podría gotear por la tubería y evitar los pasos de filtrado.

Filtros de Bioarena Comercializados

Centro de Tecnología de Agua y Saneamiento Asequible (CAWST) www.cawst.org

La CAWST es una organización educativa canadiense, ubicada en Calgary, Alberta. Ellos ofrecen capacitación, recursos y

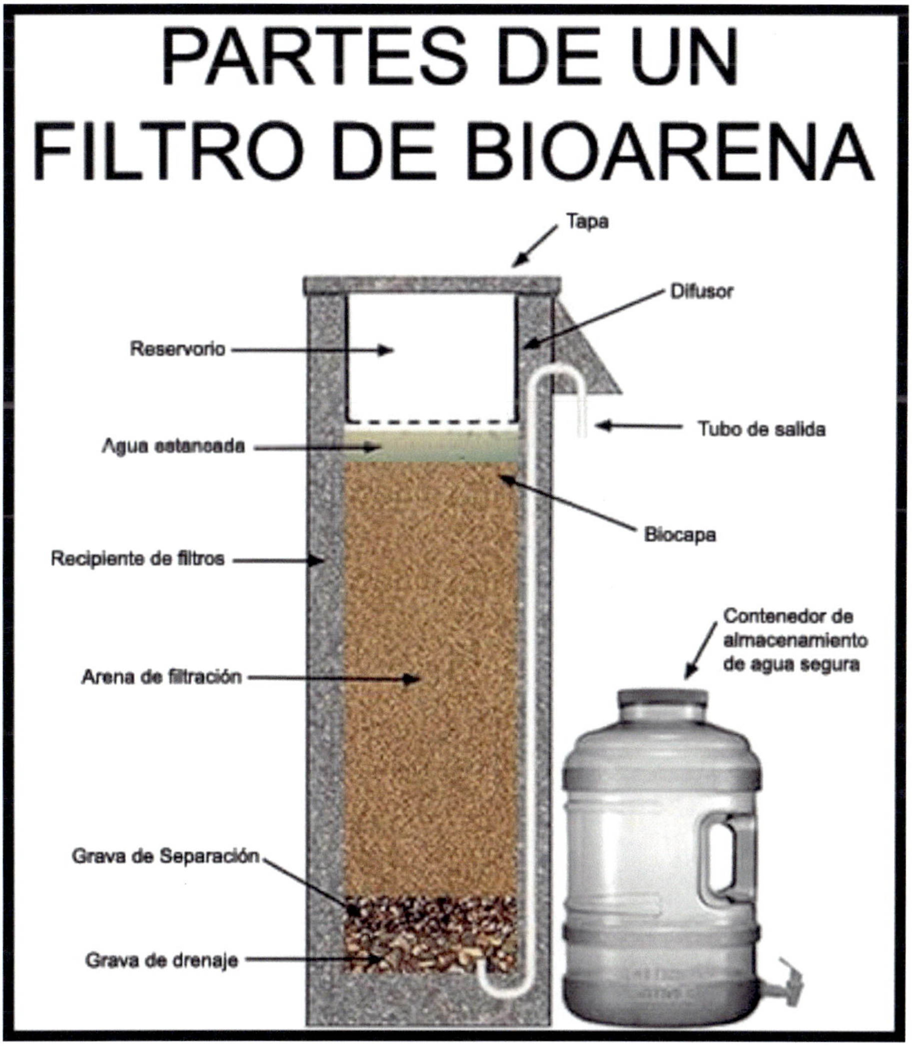

asistencia técnica sobre agua potable, saneamiento e higiene. La CAWST no vende filtros, pero proporciona instrucciones y capacitación para construir filtros de bioarena viables utilizando su diseño.

La caja del filtro de bioarena diseñada por CAWST es de hormigón. La construcción requiere cemento, arena y grava (que deben ser tamizados y lavados).

El peso de las carcasas de filtro de hormigón (95 kg) hace que sea poco práctico enviarlos desde la sede de CAWST en Calgary, Canadá, a los países en los que se utilizan. En cambio, los filtros se fabrican utilizando moldes de acero descritos en los manuales de CAWST y vendidos por empresas locales. Esto ayuda a la comunidad no solo proporcionando agua potable tratada, sino también creando empleos y mejorando la economía local.

Además, los materiales relativamente baratos (el más caro es el cemento) y evitar los gastos de envío hacen que el filtro sea más asequible.

En Danli, Honduras, se puede comprar un filtro completo de bioarena, que incluye arena lavada y grava, por $ 38 USD. En Camboya, Water for Cambodia (una ONG) vende el filtro de bioarena CAWST Versión # 9 por $ 7 USD.

La CAWST actualmente recomienda el uso de su Versión # 10. Esto indica que han realizado una amplia investigación y pruebas para garantizar un producto mejorado y superior.

La página web de CAWST proporciona manuales gratuitos y material educativo disponible para descargar en https://resources.cawst.org/. Este Centro también ofrece capacitaciones en línea, en Calgary y en países en desarrollo de todo el mundo.

Ventajas

Los filtros de bioarena diseñados por CAWST han estado en servicio durante casi dos décadas, y se han instalado más de 650.000 en unos 55 países de todo el mundo. El Dr. Manz patentó el filtro de bioarena a principios de la década de 1990 y ha seguido trabajando desde entonces para refinar la operación del filtro para optimizar el rendimiento. Si el filtro de bioarena se construye y mantiene adecuadamente, puede funcionar durante muchos años.

Los manuales y materiales educativos de CAWST pueden ser descargados gratuitamente desde su página web, haciéndolos accesibles y distribuibles por cualquier persona con acceso a internet. Sus sesiones de entrenamiento hacen que la tecnología sea aún más accesible. Cualquier persona que pueda tener acceso a los materiales de bajo costo disponibles localmente y al manual puede construir los filtros y venderlos con fines de lucro. Visite su sitio web a continuación. Haga clic en "Recursos WASH", seguido de "Recursos de educación y capacitación WASH" y "Base de conocimiento de filtros de bioarena". Descargue las publicaciones. Estos dos manuales se consideran el estándar para la industria de los filtros de bioarena y son utilizados por muchas ONG en todo el mundo. https://www.cawst.org/

La CAWST también ofrece un curso corto de cuatro días sobre filtros de bioarena en Calgary. Según mi asistencia a dos de estos cursos, los recomiendo a las personas interesadas. La CAWST también realiza cursos cortos en muchos países en desarrollo.

Desventajas

El molde de acero para la carcasa del filtro de hormigón puede ser difícil de construir. Además, como el concreto no tiene refuerzo, puede tomar una cantidad excesiva de tiempo para curarlo y puede ser frágil, especialmente durante el transporte. Los filtros de hormigón son pesados (95 Kg), lo que hace que el transporte sea difícil y costoso. En consecuencia, puede ser un desafío llevar los filtros a áreas remotas.

Además, una vez que un filtro de bioarena se ha llenado de arena y grava, es casi imposible moverse a otra ubicación. No se proporcionan arena y grava limpias; esto está de parte del consumidor. Los vendedores pueden optar por venderlos con los contenedores. Finalmente, la configuración en el sitio deja más margen de error, lo que podría provocar un funcionamiento incorrecto o fugas.

Resumen

La CAWST ofrece materiales gratuitos y accesibles para ayudar en la implementación y construcción de los filtros de bioarena. Los filtros de bioarena CAWST se basan en tecnología continuamente refinada y probada científicamente. No solo utilizan materiales locales, sino que también brindan una oportunidad de ingresos a quienes fabrican y venden los filtros localmente. Sin embargo, el peso y la fragilidad de los contenedores de este filtro pueden limitar su transporte a lugares remotos.

Aqua Clara International

http://aquaclara.org/

Aqua Clara International, ubicada en Holland, Michigan, propone filtros de bioarena que se construyen en el sitio con materiales disponibles localmente. Construí e instalé un filtro de bioarena tipo Aqua Clara en mi curso de Agua limpia y segura para países en desarrollo en U.C. en Berkeley. Fue relativamente fácil de construir y funcionó bien.

Los barriles de plástico de polietileno de alta densidad (HDPE) o las tuberías de cloruro de polivinilo (PVC) se pueden utilizar como carcasa. Los usuarios deben adquirir tuberías de PVC más pequeñas para la tubería de salida de efluentes, accesorios y juntas, así como grava y arena. El costo total de los materiales varía de $ 15 a $ 40 USD, según el país y los materiales utilizados. El uso de materiales disponibles localmente reduce el costo del filtro Aqua Clara; evitar el concreto en la estructura lo hace mucho más liviano que los filtros de bioarena CAWST.

Ventajas

Las cajas de filtro de bioarena Aqua Clara, están hechas de materiales económicos y disponibles localmente y no requieren hormigón ni construcción de molduras de acero. Las cajas de plástico son livianas, lo que facilita el transporte. Las personas locales pueden recibir capacitación en la construcción de los filtros de bioarena, así como en la gestión empresarial, y pueden servir como distribuidores de la tecnología con un beneficio para ellos mismos.

Aqua Clara International se ha asociado con las escuelas locales y sus comunidades en Kenia para compartir información sobre filtros de bioarena, recolección de agua de lluvia, saneamiento y huertos familiares. Los filtros de bioarena se construyen con materiales locales, aunque la arena y la grava provienen de una instalación de distribución central en Kenia con fines de control de calidad.

Aqua Clara International es responsable de obtener materiales y transportarlos a la escuela local, desde donde se construyen y distribuyen. Además de los filtros de bioarena, también se pueden comprar contenedores de almacenamiento seguros.

La asistencia local en Kenia es administrada por emprendedores de desarrollo comunitario (CDE por sus siglas en inglés) y promotores de salud comunitaria (CHP por sus siglas en inglés). Las personas para ambos puestos se seleccionan mediante un proceso de entrevista y reciben capacitación sobre los filtros, así como sobre los principios generales de agua, saneamiento e higiene (WASH por sus siglas en inglés).

Los CDE se encargan de la comercialización, construcción y ventas de filtros, así como de la capacitación de los usuarios sobre el funcionamiento, el almacenamiento seguro del agua y el mantenimiento de los filtros. Los CHP generalmente se seleccionan entre las mujeres de la comunidad y sirven para educar a los usuarios sobre los principios de WASH, supervisar el uso de los filtros y realizar un seguimiento del uso.

Los CDE reciben una ganancia de la venta de filtros ($ 3 del costo de $ 12 USD), y los CHP cobran un estipendio por realizar ciertos talleres educativos. Los usuarios pagan sus filtros, transportan los materiales a sus casas desde la escuela y realizan el primer lavado del filtro con el CDE.

Desventajas

La mala calidad de la caja de plástico puede contribuir a fugas, particularmente alrededor de la línea de descarga. Los manuales para la construcción de filtros de bioarena, incluidas las especificaciones de profundidad de arena y grava, no están disponibles en el sitio web de Aqua Clara, y los cursos de capacitación ofrecidos tienen costo. Finalmente, la configuración en el sitio deja más margen de error, lo que podría provocar un funcionamiento incorrecto o fugas.

Resumen

Los filtros Aqua Clara se construyen en el sitio con materiales locales y pueden ser vendidos por empresarios locales con fines de lucro. Además, el material liviano del recipiente del filtro ofrece la ventaja adicional de un transporte más fácil y económico. Los manuales y otra información sobre la tecnología Aqua Clara no están disponibles en su sitio web. Sin embargo, los manuales de CAWST están disponibles y son aplicables a los filtros Aqua Clara.

HydrAid

https://www.hwts.info/products-technologies/07e65cbc/hydraid-biosand-filter

El Hydraid es un filtro de bioarena que tiene su propio barril de plástico. Los filtros de bioarena Hydraid se venden como unidades completas, incluido un recipiente de plástico de grado médico resistente a los rayos UV con las tuberías necesarias, una placa difusora y una tapa. Los recipientes pesan 3,6 kg cuando están vacíos y 63,5 kg cuando están llenos de arena y grava.

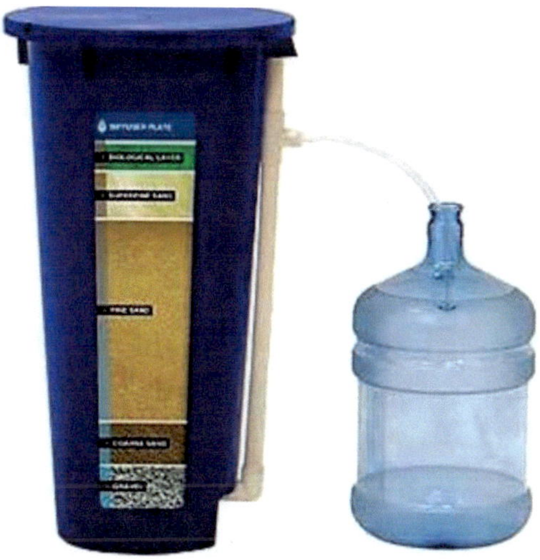
Un filtro de bioarena de Hydraid.

Native Energy ahora vende los barriles de bioarena Hydraid. Su sitio web es https://nativeenergy.com/.

Native Energy es una compañía de compensación de carbono; sin embargo, poseen los moldes para la fabricación de los barriles de filtro de bioarena Hydraid. Para comprarles un filtro de bioarena Hydraid, comuníquese con Kirsten McKnight en: kirsten.mcknight@nativeenergy.com o Elizabeth McHugh, en betsy.dall@nativeenergy.com.

Los precios del Barril de Filtro de Bioarena Hydraid son los siguientes:

Tamaño del pedido	Precio unitario
1-49	$50
50-299	$34
300-999	$29
1000+	$25

Ventajas

El beneficio de comprar el filtro de bioarena Hydraid es la conveniencia de recibir el filtro preconstruido, así como su peso liviano (solo 8 lb o 3,6 Kg). También es duradero y se estima que dura más de 10 años. Las cajas de plástico livianas son resistentes, lo que las hace ideales para el transporte, especialmente en regiones montañosas.

Desventajas

A diferencia de CAWST y Aqua Clara, los filtros de bioarena Hydraid no ofrecen una oportunidad económica para los empresarios locales. Además, los componentes dañados pueden no ser reemplazables en el mercado local.

Resumen

Una alternativa ligera y prefabricada, el filtro de bioarena Hydraid es la opción más cara. Debido a que no está construido con materiales locales, puede ser difícil encontrar piezas de repuesto cuando sea necesario.

A pesar de la ausencia de un tratamiento de desinfección (ver Capítulo 4), que reducirá aún más los niveles de patógenos, el agua que fluye de un filtro de bioarena que funciona correctamente puede beberse con pocas o ninguna consecuencia negativa para la salud.

CAPÍTULO 3.2

Filtros de membrana

"Las personas en Etiopía, Sudán, etc. no conocen a Audrey Hepburn, pero reconocen el nombre de UNICEF. Cuando ven 'UNICEF', sus rostros se iluminan porque saben que algo está sucediendo. En el Sudán, por ejemplo, llaman a una bomba de agua 'UNICEF' ".

-Audrey Hepburn

Introducción

Los filtros de membrana utilizan principalmente medios físicos para filtrar sustancias indeseables del agua. Una membrana semipermeable se utiliza como barrera para eliminar selectivamente los contaminantes del agua, principalmente en función de sus tamaños de poro. Como el tamaño de poro de muchos filtros de membrana es similar o más pequeño que el tamaño de la mayoría de los patógenos, los filtros sirven tanto para filtrar patógenos y grandes contaminantes como para desinfectar las fuentes de agua simultáneamente sin la necesidad de productos químicos.

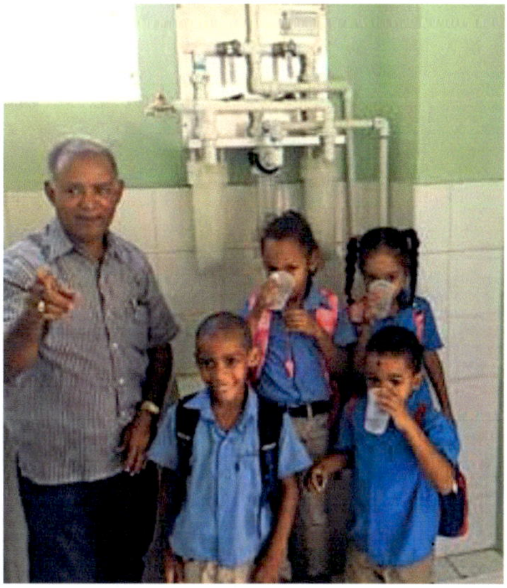

Una familia que usa agua de un filtro de membrana de agua.

Los caudales de los filtros pueden variar de menos de un litro a cientos de litros por minuto, dependiendo del tamaño de la abertura, expresada en micras, en la membrana y la presión de la membrana. *(Nota: Una micra o micrón es una millonésima parte de un metro).*

Hay cuatro clases de filtros de membrana, que se caracterizan por el tamaño de sus poros: microfiltración (MF), ultrafiltración (UF), nanofiltración (NF) y ósmosis inversa (RO). La mayoría puede eliminar eficazmente patógenos comunes, incluidos gusanos, protistas (incluidos quistes), bacterias y muchos virus. También eliminan los sólidos en suspensión (turbiedad). Sin embargo, solo las membranas de NF y RO pueden eliminar iones y pequeñas especies químicas.

La nanofiltración se usa comúnmente en países industrializados para aplicaciones de ablandamiento del agua, que requieren la eliminación de la dureza (es decir, iones de calcio y magnesio) y la eliminación de precursores de subproductos de desinfección.

La ósmosis inversa se usa comúnmente en la desalinización y en la eliminación de iones monovalentes, como el sodio y el cloro. En mi opinión, la nanofiltración y la filtración por ósmosis inversa son demasiado caras para ser utilizadas en los países en desarrollo porque requieren mucha energía para funcionar.

Una familia africana que usa un filtro de membrana LifeStraw.

Los dispositivos MF y UF son las alternativas más rentables para la desinfección, especialmente para su aplicación en países en desarrollo. Algunas unidades MF y UF no pueden eliminar eficazmente todos los virus. Si se sabe que existen virus particulares en el agua de origen, es importante elegir una opción de filtro adecuada para el tratamiento.

Las membranas están hechas de polímeros sintéticos y naturales y comúnmente existen en láminas enrolladas en espiral o como haces de cientos de miles de fibras de membrana huecas selladas en un tubo. Estos últimos son los más utilizados en los filtros MF y UF. Tienen la ventaja de aumentar el área de superficie para la filtración, pero también son propensos a la obstrucción y pueden ser más difíciles de limpiar.

El agua de origen se puede empujar a través de las membranas utilizando presión positiva o de otro modo se empuja con presión negativa (creando un vacío). El agua filtrada (el permeado) se recoge, mientras que las aguas de rechazo deben recogerse y eliminarse.

Un problema común en todos los filtros de membrana es ser propensos a dañarse debido a la acumulación de todo ese material que se ha filtrado del agua de origen. La suciedad puede ser causada por sólidos, incrustaciones o crecimiento biológico. El exceso de hierro y manganeso en el agua de origen puede precipitarse cuando se oxida y causar incrustaciones. La suciedad a menudo se evidencia por la reducción del flujo a través de la membrana o la necesidad de aumentar la presión.

Un filtro de membrana de agua.

CATEGORÍA	TAMAÑO EN MICRAS	COMPONENTES TÍPICOS ELIMINADOS	APLICACIONES TÍPICAS DE AGUA POTABLE	PRESIÓN REQUERIDA PSI	MEDIDORES DE PRESIÓN REQUERIDOS PARA AGUA	PRESIÓN REQUERIDA EN KPa	KW HORAS POR 3.800 LITROS	RECUPERACIÓN EN %
MICROFILTRACIÓN (MF)	0,10 a 1,0	Turbiedad, protozoos, quistes (por ejemplo, cripto, giardia) bacterias	Total de sólidos en suspensión, turbiedad, eliminación de quistes	1 a 15	0,70 a 11,1	6,9 - 103,4	0,1 @ 15 psi	94 a 98
ULTRAFILTRACIÓN (UF)	0,01 a 0,10	Coloides de macromoléculas, algunos virus	Total de sólidos en suspensión, turbiedad, eliminación de quistes	10 a 100	7,0 a 70,3	68,9 a 698,5	0,8 @ 75 psi	70 a 80
NANOFILTRACIÓN (NF)	0,001 a 0,01	Virus de moléculas pequeñas, iones divalentes (p.ej., endurecimiento)	Ablandamiento, subproductos de desinfección, precursores, material orgánico natural.	75 a 150	52,5 a 105,5	517,1 a 1034,2	1,4 @ 125 psi	80 a 85
OSMOSIS INVERSA (RO)	0,0001 a 0,001	Molécula muy pequeña, (p.ej., iones de color) (p.ej., dureza, sulfatos, nitratos, sodio)	Desalinización, compuestos orgánicos sintéticos, subproductos de desinfección, nitratos, smineralización.	125 a 1000	87,9 a 703,1	861,8 a 6,894,8	2,7 @ 225 psi	70 a 85

Para mantener el máximo rendimiento, los filtros de membrana requieren un mantenimiento regular en forma de retrolavado, a menudo a diario, y limpieza química ocasional. El retrolavado es el proceso mediante el cual el agua limpia es forzada a retroceder a través del filtro de membrana para desplazar el material, a menudo sedimento, que se ha acumulado en la superficie del filtro de membrana. El agua "sucia" retrolavada se retira y se desecha, dejando filtros limpios y funcionales para su uso posterior. Sin un retrolavado repetido y adecuado, todos los filtros de membrana se obstruirán y serán inútiles en un corto período de tiempo.

Se debe considerar la eliminación de los contaminantes retrolavados al diseñar un sistema con filtración por membrana. Ricas en sólidos suspendidos, las aguas residuales pueden aplicarse en la tierra o descargarse en el océano. Además del mantenimiento regular, las membranas deben reemplazarse cada 5 a 10 años.

Algunos fabricantes indican que sus filtros de membrana pueden requerir que la fuente de agua sea tratada previamente para eliminar partículas si es particularmente turbia. Este pre- tratamiento puede implicar técnicas de coagulación, sedimentación o filtración. Como mínimo, se pueden usar filtros o filtros de bolsa (50 a 500 μm) para cumplir con los requisitos del fabricante para el agua de alimentación. (Ver Capítulo 2: Extracción de sedimentos

Aunque muchos filtros de membrana son capaces de eliminar del 90% al 100% de los patógenos en el agua de origen, pueden quedar algunas pequeñas cantidades, particularmente después del tratamiento con filtros MF y UF.

Se puede agregar un desinfectante residual al agua tratada con membrana para evitar la re-contaminación, especialmente si se distribuirá o almacenará antes del consumo. Se recomienda monitorear el agua a largo plazo y durante una variedad de estaciones (es decir, seca y lluviosa) para determinar el mejor filtro para un área en particular, así como cualquier necesidad de pretratamiento y postratamiento.

El estado óptimo del sistema de membrana es clave para el buen funcionamiento. El daño a la membrana, o las fugas, por ejemplo, pueden dar como resultado un filtrado que no cumple con las especificaciones de diseño. Las pruebas del estado óptimo de la membrana, comunes en las aplicaciones de los países industrializados, son demasiado costosas para realizarse de manera confiable en la mayoría de las aplicaciones de los países en desarrollo. Esto aumenta el riesgo de falla del tratamiento, y la posible pérdida de confianza del cliente en el proceso.

La filtración por membrana se ha vuelto cada vez más popular a medida que las demandas de costos y energía han disminuido en los últimos 15 a 20 años. Muchos de los modelos disponibles fueron desarrollados y utilizados en países industrializados, pero los que los proponen los consideran una opción viable para los países en desarrollo y en transición.

Su diseño modesto y modular los hace útiles en una variedad de aplicaciones, desde hogares individuales hasta comunidades pequeñas e incluso grandes.

Filtros de membrana comercializados

A continuación, se presentan algunos de los sistemas de filtración disponibles actualmente. Las ventajas y desventajas descritas de cada sistema se basan en la experiencia personal o en la lectura de los datos publicados por los fabricantes.

SkyJuice

http://www.skyjuice.org.au

SkyJuice es una fundación australiana sin fines de lucro que tiene como objetivo "proporcionar soluciones de tratamiento de agua sostenibles y de bajo costo para proyectos humanitarios para trabajos de ayuda de emergencia y desastres".

SkyJuice actualmente ofrece tres configuraciones de filtración de membrana, a saber, SkyBox, SkyHydrant y SkyStation, para su uso en las zonas rurales, periurbanas y urbanas de los países en desarrollo.

SkyHydrant

http://www.skyjuice.org.au/skyhydrant

El SkyHydrant también es una membrana UF de 0,04 micras alimentada por gravedad, de baja presión, de fibra hueca. Este filtro es efectivo para eliminar los agentes patógenos, incluidos los protozoos, las bacterias y algunos virus, tanto de las aguas superficiales como subterráneas, para producir de 500 a 700 litros de agua filtrada por hora sin requerir energía ni productos químicos.

La membrana pesa 12 kg y mide 142 cm de alto. El filtro se puede montar o usar de forma independiente, y se pueden usar varias unidades en serie.

Filtros de membrana SkyHydrant

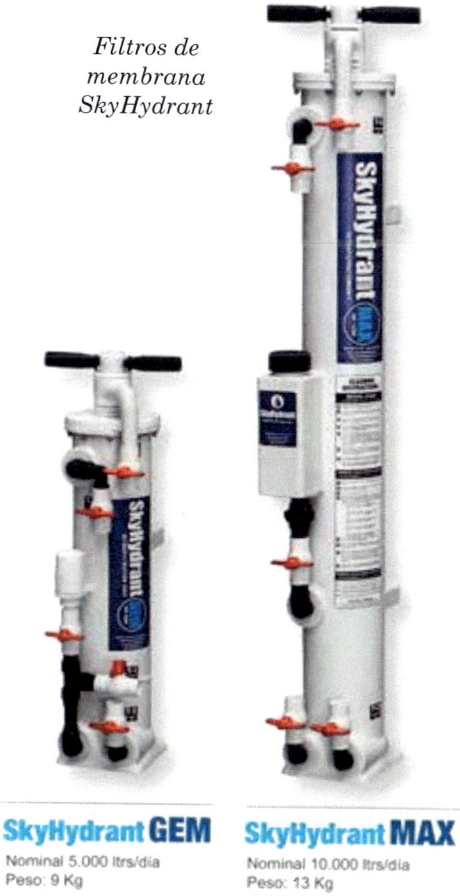

El agua de origen (con una turbiedad máxima de 500 NTU) se alimenta por gravedad a través de la membrana desde una fuente de agua elevada (por ejemplo, un tanque de retención).

El agua filtrada se puede dispensar en el sitio, a través de una válvula en la unidad o distribuida a través de mangueras, tuberías, casetas, etc. El filtro debe protegerse de la luz solar y mantenerse en un área bien drenada que pueda acomodar el flujo del retrolavado. Se requiere un retrolavado simple al menos diariamente.

En 2014, instalamos cinco SkyHydrants en un sitio de proyecto de Rotary International en la isla de Remba, Lago Victoria, Kenia. Todos los filtros funcionan con éxito cinco años después; sin embargo, requieren el retrolavado a diario. (Ver el Estudio de caso 16-8.)

El SkyHydrant se vende por $ 2.500 USD en Sydney, Australia.

Ventajas

SkyHydrant puede producir de 500 a 700 litros de agua tratada por hora, que es suficiente para satisfacer las necesidades básicas de varios cientos de personas si se configura para una alimentación continua de 24 horas. El filtro de membrana es efectivo para eliminar la mayoría de los patógenos de interés, aunque pueden pasar algunos virus más pequeños.

La unidad es portátil y fácil de transportar a ubicaciones remotas. Se puede montar en el lugar, lo que debería reducir daños accidentales. La configuración y montaje es rápido y fácil y no requiere habilidades técnicas.

Se pueden usar varias unidades en una serie, y los kits de conexión para este propósito están disponibles a través de SkyJuice. Debido a que el filtro se alimenta por gravedad, no se necesita ninguna fuente de energía para alimentar la membrana en sí. Sin embargo, el agua cruda generalmente se alimenta a través de un tanque de retención, lo que requeriría una bomba manual o eléctrica para llenarlo. La altura hidráulica máxima permitida en el filtro es de cuatro metros.

Desventajas

SkyJuice recomienda que la membrana se instale con un tanque de cabecera de 1.000 litros elevado a tres metros sobre el suelo y un tanque de almacenamiento para recoger el agua tratada (elevada a un metro sobre el suelo). Estos tanques, así como los materiales necesarios para conectar los tres componentes del sistema (mangueras, bombas, conectores, tuberías, etc.), también deben encontrarse localmente y transportarse a sitios de tratamiento potencialmente remotos.

Se recomienda encarecidamente utilizar un filtro adicional (no incluido) de 200 a 500 micrones en serie con la membrana para reducir la cantidad de sedimento en el agua afluente. (Ver Capítulo 2.) Esto se suma al costo, la complejidad y el mantenimiento del sistema, que ya requiere un retrolavado diario.

Las sustancias químicas involucradas en la limpieza pueden ser peligrosas y no estar fácilmente disponibles en el mercado local. Varias personas deberán recibir capacitación y ser responsables del retrolavado diario y otros tipos de mantenimiento, lo que implica la limpieza, el seguimiento del uso y el mantenimiento, y el cálculo de la demanda de cloro.

Finalmente, SkyHydrant no eliminará metales, minerales, productos químicos o salinidad de la fuente de agua.

Resumen

SkyHydrant produce suficiente agua para dar servicio a una comunidad y, si el espacio lo permite, en teoría podría establecerse en áreas urbanas, periurbanas o rurales. Las aplicaciones en este último pueden estar limitadas por la disponibilidad o portabilidad de tanques y hardware adicional.

Además, el uso en áreas rurales puede estar limitado por la falta de una ubicación centralizada dentro de una distancia de viaje razonable de la población objetivo. El SkyHydrant es particularmente efectivo cuando la fuente de agua tiene una turbiedad de menos de 500 NTU y donde la principal preocupación son los patógenos, excluyendo los virus pequeños.

La estructura requerida para la configuración indica un uso a largo plazo. Sin embargo, el mayor obstáculo para esto es la necesidad de mantenimiento diario y el retrolavado. El nivel de mantenimiento requerido puede dificultar su viabilidad a largo plazo en algunos sitios en los países en desarrollo.

SkyBox

http://www.skyjuice.org.au/skybox

El SkyBox contiene una membrana UF de 0,04 micras de fibra hueca de baja presión alimentada por gravedad. Este filtro es efectivo para eliminar los agentes patógenos, incluidos los protozoos, las bacterias y algunos virus, tanto de las aguas superficiales como subterráneas, para producir de 20 a 25 litros de agua filtrada por hora sin requerir energía ni productos químicos.

La membrana está alojada en un recipiente de 50 a 70 litros, y toda la configuración portátil solo pesa 5 kg. El SkyBox se envía como un kit, que según SkyJuice requerirá solo cinco minutos para ensamblar usando sus instrucciones ilustradas.

El agua de origen (con una turbiedad máxima de 500 NTU) se agrega directamente a la unidad y el agua filtrada fluye en un minuto. La unidad se almacena de 100 cm a 150 cm sobre el suelo para permitir el llenado y la dispensación fácil desde una válvula conectada. En mi laboratorio de la U.C. en

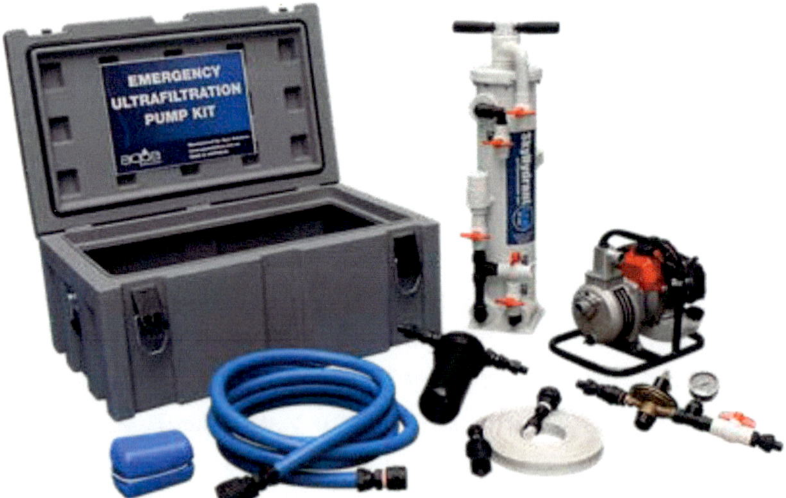

Un kit de bomba de filtración de emergencia Skybox.

Berkeley, el filtro SkyBox funcionaba mejor si se instalaba horizontalmente en el fondo de un barril de 190 litros con un grifo cerca del fondo del barril.

La membrana se retro lava a través de un "lavado manual con agitación" con agua limpia después de aproximadamente 100 usos. Se requiere una desinfección más completa con un desinfectante químico cada 1.000 a 1.500 ciclos.

Ventajas

El filtro de membrana es efectivo para eliminar la mayoría de los patógenos de interés, aunque pueden pasar algunos virus más pequeños. La unidad es pequeña y ligera, por lo que es portátil y fácil de llevar a lugares remotos. Debido a que el filtro se alimenta por gravedad, no se necesita ninguna fuente de energía. La operación y el mantenimiento de rutina mediante "lavado con agitación" son simples.

SkyJuice señala que la unidad se puede usar para producir agua las 24 horas del día si se configura una alimentación continua (aunque no ofrecen instrucciones para ello).

Desventajas

Se incluyen piezas específicas en el paquete de instalación del SkyBox. Sin embargo, si alguna de las piezas se rompe o funciona mal, es posible que no haya reemplazos disponibles en el mercado local. Se requiere una capacitación apropiada del usuario para garantizar el funcionamiento adecuado de la unidad. Por ejemplo, una vez húmeda, no se debe permitir que la membrana se seque. Se recomienda a los usuarios que lleven un registro de la cantidad de usos para saber cuándo lavar y desinfectar la unidad.

La desinfección requiere el uso de un desinfectante químico. Algunas opciones pueden ser dañinas de manejar o no estar disponibles en el mercado local. Además, como enfatiza SkyJuice, la demanda de cloro debe calcularse con precisión a través de un proceso de "prueba y nueva prueba" para garantizar una desinfección adecuada basada en las condiciones del agua cruda.

En áreas donde el agua cruda es particularmente turbia, puede ser necesario un pretratamiento por cribado o coagulación/filtración física. (Ver Capítulo 2.) Finalmente, SkyBox no eliminará metales, minerales, productos químicos o salinidad de la fuente de agua.

Resumen

El SkyBox probablemente se aplica mejor en situaciones familiares individuales para satisfacer las necesidades de algunas personas. El agua cruda efectivamente tratada por SkyBox es aquella en la que la principal preocupación son los patógenos, excluyendo los virus pequeños en el agua de origen con turbiedad menor a 500 NTU. Instalé un filtro SkyBox en un orfanato ubicado en Nakuru, Kenia. Funcionaba bien si se retro lavaba según fuera necesario.

El SkyBox proporciona una buena solución a corto plazo para el alivio de desastres en la que los usuarios pueden ser educados sobre su configuración, operación y mantenimiento adecuados. Sin embargo, el nivel de mantenimiento requerido puede dificultar su usabilidad a largo plazo en los países en desarrollo. El SkyBox cuesta $ 300 USD en Sydney, Australia.

SkyStation

http://www.skyjuice.com.au/skystation

La SkyStation está diseñada con una estructura para extender la funcionalidad del SkyHydrant a una unidad independiente, que incluye tanques para almacenar agua de origen y agua tratada. La SkyStation se puede usar con un solo SkyHydrant o múltiples filtros en serie.

Los materiales vienen como un kit que SkyJuice mantiene que es fácil de configurar sin habilidades o equipos especializados. El kit incluye secciones de un marco de aluminio que se atornillan para crear un soporte de tanque y dos tanques de

1.000 litros: un tanque de cabecera, que alimenta la membrana, y un tanque de depósito, que recoge el agua tratada para almacenarla y dispensarla mediante un grifo o llave.

Un proyecto de suministro de agua de SkyJuice en Fiji.

Aunque la alimentación del tanque de cabecera viaja a través de la membrana por gravedad, el tanque se encuentra en lo alto del soporte, por lo que es probable que sea necesaria una bomba para llenar el tanque de cabecera desde una fuente de agua local (es decir, corriente, depósito, pozo).

SkyStation está disponible con un panel de energía solar y una caja de control, con montaje en un marco de aluminio para este propósito. Como incorpora el filtro de membrana SkyHydrant, este sistema también podría proporcionar suficiente agua para varios cientos de usuarios.

Ventajas

Al incorporar el filtro de membrana SkyHydrant, la SkyStation comparte sus mismas ventajas. Ofrece el beneficio adicional de proporcionar tanques y hardware para una configuración completa de almacenamiento de filtro de tanque de alimentación, con materiales que pueden no estar disponibles en el mercado local.

Este sistema total hace que sea más factible mantener un flujo continuo de agua a través del SkyHydrant para un suministro constante de agua tratada a una población más grande.

Desventajas

Al incorporar el filtro de membrana SkyHydrant, la SkyStation comparte las mismas desventajas. Además, el tamaño y el peso de los componentes del kit (solo el marco desmontado pesa 70 kg) pueden dificultar el transporte del sistema a ubicaciones remotas.

El sistema requiere una fuente de agua cercana en donde se colocará la tubería que alimenta el tanque de cabecera. Para minimizar el daño a la tubería, una ubicación relativamente cercana al sistema es ideal.

Además del mantenimiento requerido de la membrana en sí, puede ser necesario el mantenimiento general y las reparaciones necesarias de SkyStation. Los materiales locales pueden necesitar ser sustituidos por piezas originales.

Resumen

La SkyStation mejora el uso de un SkyHydrant para proporcionar agua filtrada por membrana a varios cientos de personas en una comunidad, como se distribuye en el sitio o mediante un sistema de distribución agregado. Si el espacio lo permite, en teoría esto podría establecerse en áreas urbanas, periurbanas o rurales. Las aplicaciones en este último pueden estar limitadas por el peso y la portabilidad de los tanques y del marco incluido en el sistema.

Además, el uso en áreas rurales puede estar limitado por la falta de una ubicación centralizada dentro de una distancia de viaje razonable de la población objetivo. El agua cruda efectivamente tratada por SkyHydrant es aquella en la que la principal preocupación son los patógenos, excluyendo los virus pequeños en el agua de origen con turbiedad menor a 500 NTU.

La estructura de SkyStation admite el uso a largo plazo. El mayor obstáculo para esta meta es la necesidad de retrolavado diario. Sin embargo, el retrolavado del SkyHydrant suele tardar unos 15 minutos.

El retrolavado del SkyHydrant puede dificultar su largo uso en los países en desarrollo.

Sawyer

https://sawyer.com/

Sawyer produce dispositivos de filtración de agua, repelentes de insectos, protector solar y productos de primeros auxilios. Aquí solo se tratarán los productos de filtración de agua.

Sawyer ofrece una variedad de filtros de agua, con 16 filtros de agua diferentes en su sitio web. Los filtros Sawyer se comercializan principalmente para acampar y mochileros; sin embargo, se han utilizado ampliamente en los países en desarrollo. Su juego de ensamblaje de purificador de cubeta proporciona la mayor parte del hardware y todas las herramientas necesarias para producir un sistema de filtración alimentado por gravedad para uso doméstico. El único material adicional requerido es un balde para almacenar agua.

El ensamblaje es sencillo y requiere solo de 15 a 30 minutos. Los filtros consisten en membranas huecas en forma de U fabricadas de dos tamaños: 0,1 μm (modelo Sawyer Point One) y 0,02 μm (modelo Sawyer Point Zero Two).

Según el sitio web de Sawyer, el primero es efectivo para eliminar bacterias y protozoos, incluidos los quistes, con un 99,999% de eficiencia de eliminación, respectivamente. Este último también elimina virus con una eliminación del 99,997%.

Sawyer Point One tiene un caudal de 0,6 a 0,9 litros por minuto (36 a 54 litros por hora). Sawyer Point Zero Two tiene un caudal de 0,2 a 0,25 litros por minuto (12 a 15 litros por hora). Estos filtros requieren retrolavado frecuente.

Un filtro de agua Sawyer.

Ventajas

Los filtros Sawyer Point One y Point Zero Two son portátiles y se pueden configurar rápidamente (15 a 30 minutos) con pocas herramientas o materiales adicionales. Su funcionamiento es relativamente simple y sin tecnicismos. Los estudios han demostrado su implementación exitosa en los hogares durante al menos dos años cuando se retrolavan según sea necesario.

Desventajas

El retrolavado del Sawyer Point One y Sawyer Point Zero Two puede llevar mucho tiempo y ser tedioso. Una jeringa, que se incluye con el paquete del filtro, se llena con agua limpia. El conector en el extremo de la jeringa está destinado a colocarse en la parte inferior del filtro Sawyer. Desafortunadamente, no es un ajuste exacto y, según mi experiencia en un laboratorio de enseñanza de la U.C. en Berkeley, el conjunto de la jeringa es propenso a fugas, y los filtros requieren varios ciclos de retrolavado antes de restaurar los valores iniciales de flujo.

Dependiendo de la cantidad de sedimento en el agua de origen, este proceso puede necesitar realizarse al menos dos veces al día. (Ver Capítulo 2.) El filtro Sawyer Point One no elimina los virus, y ninguno de los filtros elimina los contaminantes químicos.

Para los modelos Sawyer Point One y Sawyer Point Zero Two, incluso si el filtro permanece completamente funcional, una falla en cualquier parte del conjunto de retrolavado de la jeringa dejaría la unidad inútil.

Resumen

Los filtros Sawyer Point One y Point Zero Two son portátiles y fáciles de configurar y usar. Eliminan los patógenos de interés (especialmente el Punto Cero Dos) y producen suficiente agua para que una familia la use. Sin embargo, requieren una cantidad excepcional de tiempo y esfuerzo para retro lavar para mantener la funcionalidad.

Aunque su longevidad ha sido cuestionada, los estudios han demostrado su uso efectivo durante dos años. Sin duda, son una alternativa viable para la respuesta de emergencia y otros usos a corto plazo.

A pesar de las dificultades en el retrolavado, el Sawyer se ha convertido en el filtro de membrana predominante de este tipo en los países en desarrollo de todo el mundo. A partir de 2019, los miembros de Rotary International los están instalando en todo Belice y Fiji.

Vestergaard

https://www.vestergaard.com/

Vestergaard es una compañía humanitaria global con sede en Lausana, Suiza. Tiene oficinas en Washington DC, India, Kenia y Vietnam.

Fundada en 1957, ha ampliado su labor humanitaria a la seguridad alimentaria, el VIH / SIDA, la prevención de la malaria y la reducción de enfermedades tropicales y transmitidas por el agua. Vestergaard es de propiedad y gestión familiar. Mikkel Vestergaard es el propietario y CEO.

Para fines de este libro, solo se presentará aquí su trabajo para eliminar las enfermedades transmitidas por el agua a través de LifeStraw.

LifeStraw

https://www.lifestraw.com/

LifeStraw ha vendido sus productos en unos 64 países. Además de proporcionar productos de filtración de membrana para producir agua limpia y segura, también ofrece capacitación y educación a la comunidad local para aquellos que usan productos LifeStraw. LifeStraw tiene una variedad de asociaciones, desde organizaciones de la ONU como la OMS hasta gobiernos locales y pequeñas organizaciones sin fines de lucro que operan a nivel de aldea.

Aunque LifeStraw presenta 11 productos en su sitio web, aquí solo se tratarán los tres con los que estoy más familiarizado: LifeStraw Flex con Gravity Bag, la familia

LifeStraw y la comunidad LifeStraw. Los manuales de usuario están disponibles para estos productos en varios idiomas.

LifeStraw Flex con bolsa de gravedad: $ 54,95 USD

Este sistema consiste en una bolsa de 3,8 litros que puede ser colgada en un árbol o algún otro punto elevado. El agua fluye por gravedad hacia abajo a través de un filtro de dos etapas y dentro de una bolsa receptora. El caudal informado es de 1,0 litros en dos minutos o 30 litros por hora. Por lo tanto, para un uso continuo, la bolsa elevada debe rellenarse constantemente.

La etapa 1 es un filtro de membrana de 0,2 micras de fibra hueca y se informa que elimina el 99,999999% de todas las bacterias y el 99,999% de todos los parásitos. Este filtro debe lavarse cinco veces antes de ensamblar el sistema y dos veces al día durante su uso.

Se proporciona una jeringa para el procedimiento de retrolavado. Se informa que este filtro dura 2.000 litros, después de lo cual debe reemplazarse. Dado que el caudal informado es de 30 litros/hora (0,5 litros/minuto), esto significa que este filtro durará 67 horas de uso.

La etapa 2 es un filtro de carbón activado reemplazable que reduce el plomo y el cloro y elimina los sabores adversos, los olores y los productos químicos orgánicos, como los pesticidas y herbicidas.

Se informa que este filtro de segunda etapa tiene una duración de 100 litros. Dado que la velocidad de flujo informada es de 30 litros por hora, esto significa que este filtro debe reemplazarse cada tres horas de uso, por lo que los usuarios (por ejemplo, mochileros) deben llevar filtros de carbón adicionales con ellos.

SISTEMA FAMILIAR LIFESTRAW: $ 69 USD

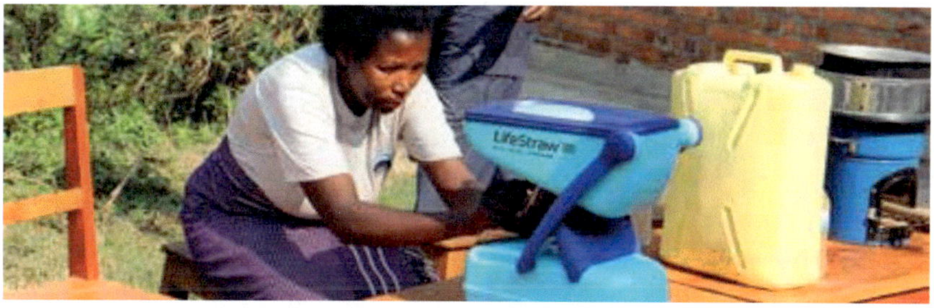

El sistema de filtrado de agua LifeStraw Family tiene más de 13 millones de usuarios en todo el mundo.

Consiste en una bolsa colgante de 2 litros que contiene un pre-filtro para eliminar los sedimentos, que deben limpiarse todos los días; un tubo de plástico que conecta el pre-filtro a un solo filtro de membrana de 0,2 micras de fibra hueca; y una cubeta receptora de 1,8 litros.

Los sistemas tienen un caudal de 12 litros/hora. El filtro de membrana es el mismo que el filtro de la Etapa 1 utilizado en el LifeStraw Flex con bolsa de gravedad discutido anteriormente, con las mismas características de mejora del agua.

Este producto viene con un manual de usuario de 16 páginas. Se informa que el sistema dura 18.000 litros. En el sitio web de LifeStraw se afirma que 18.000 litros "abastecerán a una familia de cinco durante más de tres años".

Sin embargo, los 18.000 litros en tres años son solo 16,4 litros por día para una familia de cinco, lo que no es una cantidad adecuada. La Organización Mundial de la Salud informa que cada persona debe tener acceso a 100 litros diarios para beber, cocinar y bañarse.

LifeStraw Community—$ 375 USD

El LifeStraw Community es el mayor de los productos LifeStraw. Tiene un tanque fuente de 50 litros para el agua de origen. Proporciona ultrafiltración con un filtro de membrana hueca de 0,02 micras. Su expediente de evidencia indica que elimina el 99,999999% de las bacterias, el 99,999% de los parásitos y el 99,999% de los virus.

El agua se suministra a los usuarios a través de cuatro grifos (manerales) ubicados en la periferia del tanque. Por lo tanto, si el agua de los cuatro grifos se retira del tanque de almacenamiento de 50 litros a una velocidad de un litro por minuto, los cuatro grifos podrían fluir durante 12,5 minutos sin volver a llenar el tanque de almacenamiento. Este sistema viene con un manual de usuario de 17 páginas. Este sistema funciona completamente por gravedad, y no se requiere electricidad.

El uso de por vida se dice que es de "98.800 litros", siendo "suficiente para 100 personas durante 3 a 5 años". En efecto, esta percepción de la compañía para 100 personas es equivalente a <1 litro de agua por día por persona, un valor bastante inadecuado.

Los comentarios de los usuarios están disponibles para todos los productos LifeStraw en sus sitios web.

Innovative Water Technologies

http://www.innovativeh2o.com/

Innovative Water Technologies es una corporación con sede en Colorado, EE. UU., formada en 2007, que presenta tres productos de membrana de filtro de agua diferentes.

SunSpring Hybrid

El SunSpring Hybrid es un sistema autónomo, solar y eólico que incorpora un filtro de membrana de ultrafiltración GE HomeSpring. Elimina los patógenos y la turbiedad de "prácticamente cualquier fuente de agua".

El sistema tiene varias certificaciones, incluida la de "Validación de la salud" como tecnología que reduce los costos, aumenta el acceso y mejora la calidad de la salud mundial. El filtro produce hasta 20.000 litros de agua tratada por día a una velocidad de flujo de aproximadamente 17,0 litros por minuto.

Innovative Water Technologies afirma que el filtro ofrece un 99,999% de eliminación de patógenos y "reduce significativamente" los coloides, la turbiedad y los compuestos orgánicos.

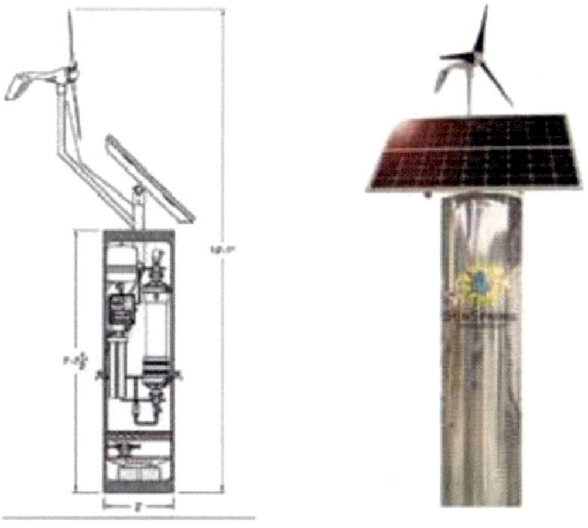

Un sistema solar híbrido SunSpring.

Los paquetes de plantas Innovative Water Technologies han sido aceptados por el Departamento de Salud

Pública de Colorado para cumplir con los requisitos de eliminación de *Giardia* y *Cryptosporidium*.

Ventajas

El sistema de filtro autónomo está encerrado y protegido contra daños externos. El paquete incluye hardware de plomería de pre-filtro, un kit de mantenimiento y un kit de herramientas. El panel solar alimenta la bomba sin la necesidad de infraestructura eléctrica o un generador.

La producción diaria del sistema puede proporcionar suficiente agua para satisfacer las necesidades de 100 o más personas, según las condiciones. La compañía ofrece muchas opciones que pueden mejorar la usabilidad del producto, incluyendo espigas, accesorios para fuentes de agua, tanques, cloradores y prefiltros de carbón activado granulado.

Aparentemente, el filtro tiene un ciclo de autolimpieza que debería reducir la necesidad de que un individuo realice el mantenimiento de rutina, pero el proceso no es evidente.

Desventajas

Como el filtro SunSpring tiene una membrana de ultrafiltración, eliminará todas las bacterias y patógenos más grandes. Relativamente grande, el sistema puede ser difícil de transportar a ubicaciones remotas.

Aunque se proporcionan kits de herramientas y mantenimiento, es posible que no haya piezas adicionales disponibles en el mercado local. Con más piezas y procesos que alternativas, el SunSpring puede ser difícil de mantener sin un amplio conocimiento del producto.

Resumen

El SunSpring ofrece un sistema de filtración robusto, que según el fabricante debería usarse durante 10 años o más. Esto lo convierte en una alternativa viable para el uso a largo plazo. Produce suficiente agua para dar servicio a muchos hogares, pero la capacidad de eliminación de patógenos del filtro sigue sin estar clara en la hoja de datos de la compañía.

El sistema tiene características estándares y opcionales (es decir, energía solar, manerales) que lo hacen fácil de usar en un entorno comunitario, incluso en áreas remotas. El nivel de mantenimiento de rutina requerido no está claro; sin embargo, existe cierta preocupación acerca de la capacidad de los consumidores para realizar servicios no rutinarios con los recursos disponibles y el conocimiento básico del sistema.

El SunSpring se ha instalado en 38 países. Tiene un costo de $ 38.000 USD en Denver, Colorado. Sin embargo, hay suministros disponibles.

SunSpring Mini

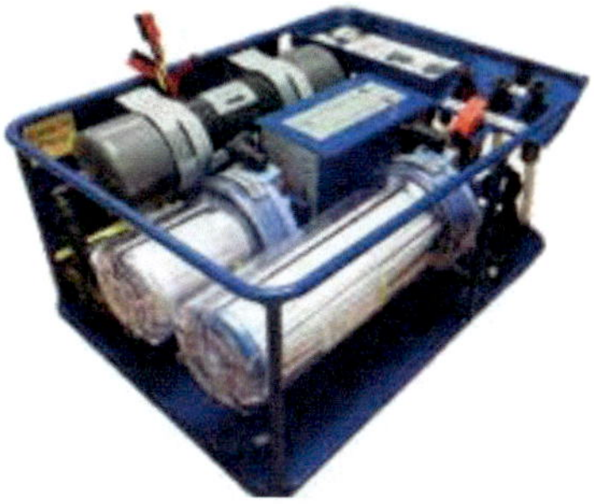

El SunSpring Mini es un filtro compacto liviano (53 kg) que se puede transportar fácilmente a cualquier lugar. Puede producir entre 1.100 y 3.800 litros por día, dependiendo de su fuente de energía.

UF Series Package Plants

Este sistema de purificación de agua por ultrafiltración está diseñado a medida para una amplia variedad de usos. Puede producir entre 19.000 y 950.000 litros por día, dependiendo de su configuración de diseño.

CAPÍTULO 3.3

FILTROS DE CERÁMICA.

"Si hay magia en este planeta, esta está contenida en el agua".

-Loren Eiseley

Los filtros de cerámica, también llamados purificadores de agua de cerámica (CWP por sus siglas en inglés), están fabricados de arcilla cocida. Han existido durante cientos de años y se utilizan ampliamente para la filtración de agua en los países en desarrollo.

Hay dos tipos principales de elementos de filtro:

1. Los filtros de maceta que tienen forma de macetas. El agua se filtra a medida que viaja a través del fondo y los lados de la maceta de donde se recoge.
2. Los filtros de vela son elementos estrechos, en forma de tubo con un extremo redondeado. El agua generalmente fluye desde el exterior del elemento de la vela hacia el centro, desde donde se recoge el agua segura.

Un filtro de vela de cerámica.

Los filtros de cerámica están hechos de arcilla tamizada, a menudo una forma específica llamada tierra de diatomeas, o de arcilla local tomada del suelo. La arcilla utilizada en la producción de los filtros se mezcla con material "quemado", por ejemplo, aserrín, que se quema en el horno a temperaturas de 500 a 600 grados centígrados, lo que hace que la arcilla se llene con muchos poros pequeños conectados por pasillos contorneados. Estos agujeros y canales le dan al filtro su capacidad de eliminar impurezas y patógenos. Algunos elementos de filtro de maceta de cerámica están infundidos o recubiertos con plata coloidal, que es tóxica para las bacterias, pero no para los humanos u otros animales.

Los filtros de cerámica tipo vela también pueden incluir carbón activado, que es extremadamente poroso. El carbón activado atrapa eficientemente los componentes químicos, lo que mejora el sabor, el olor y el color del agua.

Los filtros de cerámica eliminan las impurezas del agua por varios mecanismos. Se eliminarán las partículas de mayor tamaño que los poros en la cerámica, ya que no pueden pasar a través de los poros.

En un proceso llamado puente, las partículas más pequeñas que el tamaño de poro también pueden ser incapaces de pasar a través de un poro si están unidas a otras partículas. Tales partículas puenteadas forman una "pasta de filtro" que reduce el tamaño o bloquea completamente el poro.

Esta acumulación eventualmente puede afectar la velocidad de flujo, momento en el cual la pasta debe eliminarse con una limpieza. Aún otras partículas pueden quedar atrapadas por adsorción, por lo que fuerzas débiles de atracción hacen que las partículas se adhieran a la cerámica.

Se ha demostrado que los filtros cerámicos en las pruebas de laboratorio reducen tanto la turbidez debida al suelo y otras partículas, como las bacterias y protozoos, reduciendo así la enfermedad diarreica en los usuarios (*CDC 2011*). Sin embargo, su capacidad para eliminar cantidades significativas de virus es incierta.

El tamaño de poro en la mayoría de los filtros cerámicos es lo suficientemente grande como para permitir el paso de virus, aunque algunos pueden quedar atrapados por otros medios, como la adsorción. La eficiencia de las capacidades de eliminación de un filtro en particular varía con muchos factores, incluidos el diseño, el material, la construcción y la integración de otras sustancias (es decir, carbón activado o plata).

Incluso los filtros múltiples producidos de acuerdo con el mismo protocolo pueden proporcionar resultados de tratamiento de agua diferentes. La velocidad de flujo del agua segura de estos filtros es lenta (1 a 11 litros/hora), pero debido a que se alimentan por gravedad, no se necesitan tuberías ni electricidad.

Los filtros cerámicos proporcionan un bajo costo ($ 7,50 a $ 30 dólares), de peso ligero, por opción de tratamiento portátil que es fácil de usar. Sin embargo, los elementos del filtro son frágiles, e incluso las grietas imperceptiblemente pequeñas pueden alterar el rendimiento. Además, la re-contaminación es común, por lo que la educación sobre su almacenamiento seguro es clave.

Con el tiempo, el filtro se obstruirá, por un proceso intenso de la filtración de agua turbia. Los filtros obstruidos exhiben un flujo reducido y pueden soportar un crecimiento bacteriano excesivo. La mayoría de las obstrucciones son superficiales, por lo que la limpieza simplemente requiere un ligero lavado de la superficie que entra en contacto con agua no tratada con un cepillo rígido o una almohadilla para fregar. No se deben usar agentes de limpieza en el elemento del filtro.

Se debe tener mucho cuidado al manipular los filtros para evitar romperlos. Para evitar la recontaminación del agua tratada, el balde que recibe el agua filtrada debe limpiarse con agua filtrada y jabón mensualmente.

La limpieza degradará lentamente los recubrimientos de plata y reducirá el grosor de los filtros hasta que ya no sean efectivos. En promedio, los filtros cerámicos se reemplazan cada 2 años, ya sea debido a estos factores o a la rotura *(Sobsey et al. 2008).*

Ver también: www.cdc.gov/safewater/ceramic-filtration.html

Filtros de cerámica comercializados

Potters for Peace

http://www.pottersforpeace.org/

Potters for Peace (PFP), con sede en los Estados Unidos y Nicaragua, ofrece apoyo a las comunidades locales que desean producir y vender el diseño del filtro de cerámica para macetas PFP. La PFP ayuda a la comunidad local al establecer una fábrica para fabricar

Un filtro de maceta de cerámica.

Un filtro de maceta de cerámica.

filtros. Estas fábricas, propiedad de organizaciones o personas físicas, están destinadas a ser económicamente autosuficientes y rentables, en donde se les paga a los trabajadores un salario digno.

La PFP no recibe ingresos de las fábricas, aunque sus técnicos pueden recibir reembolso de gastos y compensación mientras trabajan en un proyecto. Actualmente hay más de 50 fábricas en 30 países de todo el mundo. Los filtros se venden a las ONG locales, que se encargan de la distribución y educación sobre su uso.

Si la PFP considera que una organización no gubernamental está preparada y es adecuada para abrir y operar una fábrica, de acuerdo con sus directrices, asignan un técnico de PFP para que asesore sobre la configuración de la fábrica y la capacitación de los trabajadores.

Los costos iniciales dependen del proyecto e incluyen la construcción o compra de una prensa hidráulica y un horno de bajo consumo de combustible. Resource Development International Cambodia (RDIC), un proyecto de PFP, cita un costo de $ 13.000 USD solo para maquinaria (excluyendo el horno), en Cambodia. (Ver Capítulo 16-5.)

Los filtros PFP se fabrican con arcilla local que se modifica con un material "quemado", como cáscaras o aserrín, antes de presionarse en la forma de la maceta con una prensa hidráulica.

Las piezas prensadas se dejan asentar durante varios días para que la humedad pueda escapar antes de ser introducidas en un horno de bajo consumo. Las altas temperaturas del horno eliminan el material "quemado", dejando atrás los poros responsables de la filtración. Los filtros son recubiertos con plata coloidal después de la cocción.

El diseño del filtro PFP incluye una maceta o tarro de 8,2 litros, 27,94 cm de ancho por 25,4 cm de profundidad, que se encuentra encima de un recipiente de plástico o cerámica de 20 a 30 litros con un grifo. Los sistemas tienen un caudal de 1,5 a 2,5 litros/hora. La velocidad de flujo de cada filtro se verifica después de la cocción. Si se encuentra que el caudal es <1,0 litros por hora o > 3,0 litros por hora, el filtro de cerámica se destruye.

Un filtro de maceta de cerámica acabado y decorado.

El precio del filtro de maceta de cerámica depende del costo de producción en una fábrica en particular y varía de $ 15 a $ 25 USD por un filtro completo con carcasa. El filtro de repuesto exclusivamente cuesta entre $ 4 y $ 6 USD.

En enero de 2016, compré 10 filtros PFP de la fábrica Cera Maji, que se encuentra al norte de Kisumu, Kenia. Costaron $ 17 USD cada uno.

PFP no tiene patente sobre el modelo de filtro, ya que esperan mantener un modelo de fabricación de código abierto para facilitar el intercambio de resultados de investigación y una mayor mejora de la tecnología. Una vez que la fábrica está lista para funcionar, PFP dice que "se convierte en parte de un diálogo continuo de filtro dentro de la organización, manteniéndose al tanto de todas las investigaciones y desarrollos relacionados a través de correo electrónico y visitas de seguimiento".

PFP también ofrece folletos educativos y manuales sobre capacitación en salud y seguimiento de la implementación para que las ONG los utilicen en las comunidades en las que distribuyen filtros.

Ventajas

Los filtros PFP no se producen por prácticas artesanales potencialmente variables, sino por un proceso mecanizado, que debería ayudar a garantizar un alto nivel de consistencia del producto. Cada filtro se prueba para certificar que cumple con una tasa de filtración estándar.

Las ONG pueden asumir la distribución y los componentes educativos de los proyectos sin tener que preocuparse por fabricar filtros o adquirirlos en mercados distantes. Además, es probable que las ONG locales tengan más conocimiento de las condiciones del agua de origen local, la cultura, las posibles barreras de uso, etc. También aumenta la posibilidad de que haya una presencia continua de ONG para monitorear el uso y ayudar con los problemas que puedan surgir en el camino.

El material educativo proporcionado por PFP permite a los distribuidores educar adecuadamente a los usuarios sobre la operación y el mantenimiento y responder sus preguntas sobre el filtro. Como los filtros se producen localmente, debería ser más fácil para los usuarios obtener piezas de repuesto cuando sea necesario. La producción local también apoya la economía de la comunidad, al tiempo que proporciona empleo a varias personas.

Desventajas

Aunque beneficioso para la economía local, la fabricación especializada a nivel local también presenta ciertos desafíos. La configuración de la fábrica requiere costos iniciales considerables para comprar terrenos y suministrar maquinaria e infraestructura necesarias para respaldar la operación.

Debe encontrarse una ubicación adecuada para la fábrica, preferiblemente en una zona donde no molestan el ruido y el humo a las comunidades locales, pero donde las materias primas necesarias, incluida la energía y el agua, pueden obtenerse con facilidad.

Deben considerarse los costos de la adquisición de materias primas para la producción, así como los salarios justos para los trabajadores y un margen de beneficio, al establecer el precio de los filtros. Además, los propietarios de la fábrica deben ser inteligentes y ser diligentes para mantener la integridad económica de la operación con el fin de garantizar que la empresa siga siendo viable.

Finalmente, debido a que cada fábrica es única, hay más potencial para una producción inconsistente y, en consecuencia, un rendimiento de filtro inconsistente.

Resumen

Potters for Peace ofrece la capacitación y educación necesarias para crear una oportunidad de negocio local que pueda beneficiar a quienes necesitan agua potable limpia y segura.

Sin embargo, dependiendo de la disponibilidad de materias primas e infraestructura, no todas las comunidades pueden ser sitios viables para la construcción de fábricas. Aunque la consistencia en el diseño de los filtros producidos puede variar ligeramente, se ha demostrado que eliminan eficazmente las bacterias y los protozoos del agua potable no segura, aunque a un caudal bajo.

Las fábricas ofrecen una solución local para las ONG que buscan desarrollar programas de educación e implementación de tratamiento de agua potable sin la necesidad de diseñar o fabricar opciones de tratamiento. La PFP ofrece cierto apoyo en la educación de las ONG. Una presencia continua de las ONG en las comunidades donde se implementan los filtros debe garantizar una mejor adopción y tratamiento de problemas, como el uso, mantenimiento y reparación correctos.

Fairey Industrial Ceramics LTD

http://www.faireyceramics.com.hk/eng

Fairey Industrial Ceramics es una empresa británica que fabrica velas cerámicas con filtro de agua bajo las marcas de Doulton y British Berkefeld. Sus filtros tienen forma de vela, con un extremo cerrado redondeado y un extremo abierto que contiene un soporte de plástico, que se atornilla en la carcasa del filtro.

El agua cruda pasa por el exterior de la vela. El agua limpia fluye desde el centro de la vela hacia abajo a través del montaje por gravedad. Fairey produce varios filtros y carcasas, varias de las cuales son apropiadas para su uso en países en desarrollo.

Fairey ofrece tres niveles de elementos de velas para el tratamiento. El más básico, Sterasyl®, es un filtro de vela de cerámica de 178 mm impregnado de plata con una clasificación de filtración absoluta de 0,9 micras. También ofrecen el Super Sterasyl®, que incorpora carbón activado granular en el centro de la vela Sterasyl® para eliminar el cloro, los compuestos orgánicos y otros productos químicos que pueden afectar el sabor, el olor y el color del agua.

El elemento de vela ATC Super Sterasyl® es un filtro Super Sterasyl® con medios adicionales para eliminar el plomo. Los tres filtros eliminan el 99,99% de las bacterias y los protozoos, incluidos los quistes.

Fairey ofrece varias opciones de alojamiento, cada una con un recipiente superior para contener agua cruda y un recipiente inferior para recoger agua tratada. El modelo HCA2 presenta una carcasa de polipropileno, que contiene dos velas de filtro y produce agua limpia a una velocidad de 1,5 litros por hora.

El modelo LP2, construido en polipropileno de alta densidad de calidad alimentaria, es más duradero. También tiene capacidad para dos velas de filtro y produce agua limpia a razón de 1,7 litros por hora. El modelo SS, construido en acero inoxidable, puede estar equipado con dos, tres o cuatro velas de filtro, produciendo 1,7, 2,5 o 3,3 litros de agua limpia por hora, respectivamente.

Ventajas

Debido a que estos filtros se fabrican en Gran Bretaña, no hay necesidad de encontrar un lugar para crear una fábrica ni materias primas para producirlos localmente. La producción industrializada de los elementos de vela cumple con los estándares de control de calidad y está certificada por organizaciones independientes de prueba de productos de tratamiento de agua.

Esto, combinado con su clasificación de filtración absoluta, significa que el producto probablemente produzca agua tratada de manera más consistente que los modelos alternativos producidos en las fábricas de PFP. Cada vela viene con un indicador, que permite al usuario ver fácilmente cuándo necesita ser reemplazado.

Desventajas

Los filtros deben adquirirse de Fairey, transportarse al país donde se utilizarán y distribuir allí. Esto agrega costos adicionales de envío o transporte. También significa que las piezas de repuesto pueden no estar disponibles localmente.

Según Fairey, sus elementos de velas duran, en promedio, durante 12 meses o 10.000 litros, lo que proporcionaría 27,4 litros de agua limpia para beber y cocinar por día durante un año completo.

Fairey sugiere que sus elementos de vela se pueden usar en cualquier carcasa, aunque es poco probable que haya disponibles carcasas "con agujeros para tornillos" compatibles en muchos países en desarrollo. Además de las instrucciones para la limpieza, no hay materiales educativos aparentes disponibles de Fairey o de cualquiera de sus marcas.

Resumen

Los filtros de vela fabricados por Fairey Ceramics cumplen con estándares de control de calidad más estrictos que los filtros PFP y, por lo tanto, producen agua constantemente segura. Esto también elimina la necesidad de maquinaria e infraestructura para producir filtros en los países en desarrollo.

Sin embargo, el hecho de que los filtros se fabrican en Gran Bretaña los hace más caros de transportar a zonas rurales distantes donde se necesitan. También hace que sea más difícil para los usuarios obtener piezas de repuesto y filtros cuando sea necesario, especialmente porque las carcasas usan velas múltiples para lograr un caudal razonable, y las velas pueden necesitar ser reemplazadas más de una vez al año.

Los tres fabricantes y distribuidores más destacados de filtros de agua de velas de cerámica son:

Doulton USA (el distribuidor estadounidense de Fairey Industrial Ceramics)

http://doultonusa.com/

British Berkefeld

https://www.berkeywater.com/

Los filtros de vela de cerámica británica Berkefeld se han utilizado en situaciones de emergencia de agua y alivio de desastres en Haití, India y Uganda. También se han implementado en escuelas, oficinas, hospitales y hogares en muchos otros países del mundo.

Aqua Cera

http://www.aquacera.com/

(Aqua Cera también vende filtros de cerámica y sistemas de filtro).

Capítulo 4

DESINFECCIÓN

"Si existe la opción de elegir entre agua del grifo y agua embotellada, el consumidor puede tomar esa decisión. En una amplia geografía en el mundo, esa opción no existe".

-Muhtar Kent

El cuarto paso en el método de barrera múltiple de CAWST es la desinfección. Los cuatro métodos más comunes para desinfectar el agua son la ebullición, la desinfección solar (SODIS), la adición de cloro al agua o el paso de la luz ultravioleta (UV).

Hervir agua

Hervir agua para eliminar bacterias patógenas, virus y protozoos es probablemente el medio de desinfección más utilizado en todo el mundo. Para una desinfección efectiva, el agua debe hervirse a 100 grados centígrados durante al menos un minuto.

Hervir agua para eliminar las bacterias patógenas es una tfécnica de desinfección efectiva.

Este procedimiento eliminará todos los patógenos, como virus y bacterias.

La Agencia de Protección Ambiental de EE. UU. (EPA por sus siglas en inglés), los Centros para el Control y la Prevención de Enfermedades (CDC por sus siglas en inglés) y el Departamento de Salud del Estado de Washington recomiendan un hervor continuo de solo un minuto para purificarla. A altitudes superiores a los 2.000 metros, se propone aumentar el tiempo de ebullición a tres minutos.

El punto es que cualquier ebullición durante literalmente cualquier período de tiempo desinfectará el agua y la hará segura para el consumo.

La desventaja obvia de este método es la necesidad de combustible para hervir el agua. El combustible puede ser de cualquier fuente. La madera y el carbón mineral y vegetal son los combustibles más utilizados. Además, estas fuentes pueden ser costosas y laboriosas de obtener, y tener efectos ambientales

Practicando la desinfección solar (SODIS) colocando botellas en un techo en Kenia.

negativos. Otros métodos de desinfección del agua son menos costosos y, a menudo, más convenientes.

Desinfección solar (SODIS por sus siglas en inglés)

SODIS es el medio para desinfectar el agua utilizando la luz solar. Una botella de plástico transparente de tereftalato de polietileno (PET) que se haya lavado con jabón se llena con agua que tenga un nivel de turbiedad de menos de 30 unidades de turbiedad nefelométrica, o NTU. (Ver Capítulo 2.)

Este nivel de turbiedad es equivalente a llenar la botella de plástico PET de un litro con agua contaminada y luego colocarla sobre un periódico. Si se pueden leer los titulares del periódico, el nivel de turbiedad es inferior a 30 NTU.

Luego se coloca la botella, preferiblemente en una rejilla con muchas de estas botellas, a la luz del sol durante al menos seis horas. La desinfección puede demorar hasta dos días si el clima está nublado y brumoso.

Este enfoque fue desarrollado por investigadores acuáticos en Suiza en la década de 1980 como un método económico para desinfectar el agua contaminada, aprovechando los rayos UV del sol para matar cualquier microorganismo en el agua.

Cuando se probó en el laboratorio, SODIS ha desactivado con éxito los virus, bacterias y protozoos que causan todas las enfermedades diarreicas. El método cuenta con el respaldo de la Organización Mundial de la Salud (OMS), UNICEF y la Cruz Roja Internacional como un medio eficaz para tratar el agua potable en los países en desarrollo.

Los inconvenientes de SODIS incluyen:

- El requisito de eliminar la turbiedad en el agua con floculación o filtración a un nivel de 30 NTU.
- Se puede tratar una cantidad limitada de agua en cualquier momento.
- El tiempo requerido para tratar el agua.

- Existe una gran cantidad de botellas de plástico intactas, limpias y adecuadas que serían necesarias.

El método SODIS ahora es utilizado por más de dos millones de personas en 28 países en desarrollo, como su principal medio para el tratamiento diario del agua potable. https://www.sodis.ch/methode/anwendung/index_EN.html

Cloración

La cloración es el medio principal para desinfectar el agua en el mundo desarrollado. El rango normal de cloro en el agua potable es de 0,2 a 0,5 mg/litro.

El cloro en el agua potable se usó por primera vez a fines de la década de 1890. Es altamente efectivo para matar bacterias, virus, hongos y protozoos. Estos son los patógenos que causan las enfermedades transmitidas por el agua del cólera, la disentería y la fiebre tifoidea.

El cloro es muy efectivo en un entorno urbano, y es la desinfección habitual que se utiliza cuando se puede suministrar agua mediante tuberías largas. El cloro permanece en el agua incluso cuando se transporta a larga distancia. Es decir, el último cliente en el sistema aún puede tener protección contra la desinfección.

En el proceso de tratamiento, se agrega cloro al agua potable como cloro elemental (gas de cloro), solución de hipoclorito de sodio o hipoclorito de calcio seco. Cada uno de estos forma el "cloro libre", que destruye los organismos patógenos, después de ser agregado al agua.

Los que viven en el mundo desarrollado han probado el cloro en el agua potable desde el parto. Las ciudades han clorado rutinariamente sus suministros de agua que datan de los albores del siglo XX, comenzando con Chicago y Jersey City, NJ, en 1908. Hoy, casi todos los sistemas estadounidenses que desinfectan su agua utilizan algún tipo de proceso a base de cloro.

Antes de 1908, ni un solo sistema de agua municipal de los E.E. U.U. desinfectaba químicamente el agua, y el resultado fue que las enfermedades transmitidas por el agua crearon un gran número de enfermedades y muertes.

Sin embargo, tan eficaz como se ha demostrado que es el cloro para proporcionar agua limpia a grandes poblaciones urbanas, en un país subdesarrollado, el sabor sutil del químico puede ser una experiencia nueva y desagradable. También puede requerir un tiempo de contacto de 30 minutos para que se produzca una cloración efectiva.

En estos casos, entonces, la desinfección solar del agua puede ser una alternativa preferible en un país subdesarrollado.

Medios para dispensar cloro

El cloro se puede añadir al agua filtrada usando tabletas y dispositivos de dosificación por flujo. Las tabletas de cloro están disponibles para su compra en línea o en muchas tiendas minoristas de suministros al aire libre. Consulte el siguiente enlace para ver un ejemplo de las tabletas de cloro. https://www.potableaqua.com/products/pa-chlorine-dioxide-purification-tablets-2/

Un miembro de la comunidad que usa un dispensador de cloro en Laban Springs, Kenia.

Además, hay muchos dispensadores de cloro de flujo continuo disponibles comercialmente para el agua potable.

Purificador de agua Procter & Gamble (P&G)

https://www.pg.com/pghsi/safewater/pdf/International_PPOW_handout.pdf

La compañía Procter & Gamble, en conjunto con los CDC, en 2003 desarrolló el P&G Purifier of Water, pequeñas bolsitas del tamaño de un paquete de ketchup que puede (usando un solo paquete) descontaminar/desinfectar 10 litros de agua potable a un costo de solo $ 0,35 USD. Son utilizados por organizaciones mundiales de ayuda de emergencia y ONG.

(También se puede comprar en línea una caja de 240 paquetes por $ 99,99 USD más $ 14,49 USD de envío, que es $ 0,50 USD por paquete).

El polvo, junto con una cubeta, un agitador y un poco de tela trabaja para purificar el agua contaminada cargada de sedimentos en 30 minutos después de haber sido removida. Contiene dos ingredientes principales:

- Hipoclorito de calcio, un desinfectante de cloro para matar bacterias.

Cómo funciona el proceso de desinfección con el P&G Purifier of Water.

- Sulfato férrico, un coagulante de sal de hierro para eliminar materia suspendida, protozoos y virus.

Se ha comprobado que la mezcla en polvo del paquete elimina los organismos causantes de enfermedades al tiempo que elimina más del 99,99999% de las bacterias comunes transmitidas por el agua (incluidas las que causan cólera), el 99,99% de los virus transmitidos por el agua (incluidas las que causan hepatitis A) y el 99,9% de los protozoos. También reduce la incidencia de enfermedades diarreicas en el mundo en desarrollo hasta en un 90%.

El P&G Purifier of Water se distribuye a través del Programa de Agua Potable para Niños sin fines de lucro de P&G.

Luz ultravioleta (UV)

La desinfección del agua potable también se puede lograr haciendo pasar la luz ultravioleta (UV) a través del agua limpia. Este método puede eliminar el 99,99% de los patógenos. Las luces UV se pueden comprar en línea.

Las ventajas son que el método no contiene químicos, es confiable y seguro. Sin embargo, requiere electricidad, lo que puede ser una desventaja para un país en desarrollo. Además, el agua utilizada debe ser clara y sin partículas.

La luz UV tiene éxito en la lucha contra todos los virus, bacterias y protozoos. Sin embargo, algunos microorganismos como *Cryptosporidium* y *Giardia* tienen paredes celulares gruesas que algunos sistemas de luz ultravioleta de baja potencia pueden tener dificultades para penetrar y matar al organismo.

Capítulo 5

ALMACENAMIENTO SEGURO

"El agua es un muy buen servidor, pero es un amo cruel".

-Charles G.D. Roberts

El quinto y último paso en el método de barreras múltiples de CAWST es el almacenamiento seguro del agua filtrada y desinfectada. Nuevamente, debe transportarse a un lugar de almacenamiento seguro en un recipiente limpio.

Un niño africano y su madre usan agua almacenada de forma segura para la higiene.

El método de almacenamiento elegido suele ser un recipiente de plástico, como un balde con un grifo en el fondo, que facilita la distribución de agua limpia. Sin embargo, si el grifo se separa del recipiente, como ocurre a menudo, debe reemplazarse de inmediato. De lo contrario, los usuarios de agua abrirán la tapa del recipiente y sumergirán su vaso en el agua, volviendo a contaminarla.

En general, el agua filtrada y desinfectada debe almacenarse en recipientes de plástico, cerámica o metal que ofrezcan barreras físicas para la recontaminación. Estas características tienden a incluir:

- Una pequeña abertura con una tapa o cubierta que desaliente a los usuarios de colocar artículos potencialmente contaminados, como tazas o cucharones (o extremidades como manos) en el agua almacenada. Todo lo anterior puede transportar contaminación fecal.
- Un grifo que permite un acceso simple y seguro al agua sin requerir que se inserten manos u objetos en el recipiente.
- Un tamaño apropiado para el método de tratamiento de agua en el hogar, con instrucciones adjuntas permanentemente para limpiar el recipiente.

(http://www.cdc.gov/safewater/storage.html)

Existe la necesidad de cierta escala de almacenamiento, especialmente en áreas donde la disponibilidad de agua tratada es intermitente. Incluso en regiones equipadas con un sistema de distribución de tuberías, lo cierto es que los cortes de electricidad, fugas y una mayor demanda pueden limitar el suministro regular de agua.

El agua puede almacenarse en el punto de tratamiento o en el hogar. A menos que el agua se canalice a la casa o se trate allí, también debe transportarse desde el sitio de dispensación hasta el punto de uso. Tanto en el transporte y almacenamiento, existe un gran potencial de recontaminación de lo que de otro modo sería agua limpia.

Los sistemas de agua por tuberías son más convenientes para eliminar la necesidad de transporte. Las tuberías pueden llevar agua de origen a una ubicación central dentro de la comunidad o incluso directamente a los hogares de las personas.

Aunque parezcan ideales, los sistemas de tuberías presentan sus propios retos. Por un lado, las tuberías son propensas a sufrir daños, especialmente si no se controlan y mantienen regularmente. La capacidad de localizar y reparar tuberías rotas y monitorearlas regularmente es esencial.

Las tuberías deterioradas no solo provocan pérdidas de agua por fugas; también extraen contaminantes del suelo, incluidas las aguas residuales de las letrinas cercanas. Además, en áreas urbanas y periurbanas de rápido crecimiento, el acceso a este tipo de infraestructura es poco probable.

Los residentes de barrios marginales pueden no tener los medios para pagar las tarifas de conexión o para obtener una conexión de grifo porque no tienen derechos de propiedad legales. Para el almacenamiento a gran escala, los tanques y cisternas cubiertos brindan la mejor protección contra la contaminación.

Para reducir la necesidad de transporte adicional, los contenedores de almacenamiento deben ubicarse lo más cerca posible de los sitios donde se distribuirá el agua. Pequeñas concentraciones de algunos contaminantes microbianos en el agua almacenada y tratada pueden multiplicarse a pesar de la protección contra el medio ambiente externo.

Por lo tanto, los procesos de tratamiento que proporcionan concentraciones adecuadas de cloro residual también son importantes para el almacenamiento seguro. Para evitar la necesidad de un almacenamiento a largo plazo en el hogar, los consumidores deben, cuando sea posible, recolectar o tratar la cantidad de agua necesaria para uno o dos días de cocinar y beber.

Para evitar la contaminación durante la recolección de agua, las manos de los recolectores deben estar limpias e, idealmente,

Practicando el almacenamiento seguro y la higiene con un balde Oxfam.

desinfectadas. Los recipientes que mejor protegen la calidad del agua son portátiles y fáciles de usar, duraderos para uso a largo plazo, que pueden cubrirse con una tapa segura y son capaces de dispensar agua de manera sanitaria.

Además del bidón, los métodos de almacenamiento y transporte seguros para el tratamiento seguro del agua en el hogar incluyen el uso de:

- La **Cubeta Oxfam de** 14 litros (**https://www.cdc.gov/safewater/oxfam-bucket.html**) está diseñada para proporcionar una opción de almacenamiento seguro a las organizaciones que trabajan en la seguridad del agua en el hogar o en los campamentos de refugiados. Se fabrica en el Reino Unido y se vende sin ensamblar a las ONG para su uso en la implementación del programa. Cuenta con una tapa a presión y un grifo giratorio.
- El **contenedor CDS SWS (almacenamiento seguro de agua)** (**https://www.cdc.gov/safewater/cdc-container.html**), es un bidón modificado de 20 litros.

- **Cubeta con tapa y grifo**, es una opción de 19 litros utilizada para el transporte y el almacenamiento. Las cubetas se pueden modificar para un almacenamiento seguro al garantizar que la tapa se ajuste herméticamente, perforar un agujero a través del plástico, instalar un grifo resistente y enseñar a las personas a usar el grifo en lugar de sumergir recipientes en las cubetas.
- **Una vasija de barro modificada**, el contenedor de almacenamiento preferido en muchas culturas, ya que a medida que el agua se evapora a través de la arcilla, el contenedor se mantiene fresco.

Además, el agua solo debe recogerse y transportarse en un recipiente que se limpie regularmente. Al implementar un nuevo tipo de contenedor de almacenamiento, se debe analizar la limpieza adecuada con materiales disponibles localmente.

Deben evitarse los recipientes que anteriormente contenían aceite u otras sustancias potencialmente tóxicas. Un recipiente con una boca estrecha ayuda a evitar la suciedad. El contenedor de almacenamiento también debe estar elevado para que no entre en contacto con el piso o los animales.

Almacenamiento seguro en la isla de Remba, Kenia.

Capítulo 6

TRANSPORTE SEGURO

"Nos hemos acostumbrado a las maravillas del agua limpia, la plomería interior, la cirugía con láser, la ingeniería genética, las articulaciones artificiales, las partes de reemplazo del cuerpo y las vidas mucho más largas que los acompañan. Sin embargo, debemos recordar que la gran mayoría de los humanos que han nacido hasta ahora, murieron antes de los 10 años de una enfermedad infecciosa".

-Jay Olshansky

Dependiendo de las geografías del terreno, se requiere un transporte seguro cada vez que el agua se mueve de un lugar a otro. Debe transportarse de manera segura de la siguiente manera:

- Desde donde se extrae el sedimento hasta donde se filtra el agua.
- Desde donde se filtra el agua hasta donde se desinfecta.
- Desde donde se desinfecta el agua hasta donde se almacena de forma segura.

Durante cada paso de transporte, el agua debe ser entregada al siguiente paso en un recipiente que esté limpio y libre de contaminantes. En los pueblos en Kenia, me he dado cuenta de que los bidones de 20 litros (utilizados inicialmente para el transporte de aceites de cocina) que se están utilizando para llevar agua limpia a menudo se cubren con tierra y barro apelmazado, tanto por dentro como por fuera.

Las mujeres que recogen el agua a menudo enjuagan y limpian su bidón en el punto donde reciben agua limpia y filtrada, como en un quiosco. Sin embargo, este proceso lleva mucho tiempo y es ineficiente, ya que desperdicia el agua y conduce a que haya suelo húmedo alrededor del quiosco.

Además, este proceso retrasa la distribución del agua limpia a otras personas que esperan su turno para obtenerla, y el esfuerzo resultante no siempre resulta en un bidón limpio.

Un método es exigir que el agua solo se distribuya a quienes traen bidones limpios.

Otro método es hacer que los distribuidores del agua limpia y filtrada posean una fuente de bidones limpios y desinfectados de 20 litros en el punto de distribución, que puede ser un

Los niños africanos usan bidones para transportar con seguridad agua limpia a su pueblo.

quiosco. Estos bidones limpios y desinfectados se cambian por los contenedores sucios que el usuario lleva al punto de distribución. Este intercambio garantiza que el usuario saldrá con un recipiente higiénico. Aunque este último método es costoso, resulta en resultados higiénicos muy mejorados entre las poblaciones.

Si el agua se va a transportar a través de una tubería, como un sistema de filtro a un quiosco, se debe asegurar que la tubería no tenga fugas o grietas donde pueda ingresar a la tubería material contaminante.

Además de los desafíos de recontaminación, el transporte de agua también plantea problemas sociales. En la mayor parte del mundo en desarrollo, las mujeres y las niñas son responsables de la recolección de agua. Caminar largas distancias hasta la fuente de agua y esperar en las filas puede consumir horas de sus días, que de otro modo podrían utilizarse en la escuela o en el trabajo.

Además, el acto de transportar el agua, a menudo sobre su cabeza o espalda, puede causar problemas de dolor crónico, deformación de la columna y aborto involuntario debido al esfuerzo.

Reducir la distancia entre el hogar y la fuente de agua es una forma de remediar esta situación. Las mujeres locales probablemente pueden sugerir otras opciones apropiadas según sus circunstancias.

De hecho, al recopilar información sobre las fuentes de agua y las opciones de tratamiento, recopilar información de las personas actualmente responsables de la recolección de agua puede ser un activo invaluable para el proceso de planificación.

Hippo Roller

https://www.hipporoller.org/

El Hippo Water Roller es una maravilla de ingenio y simplicidad, que transporta agua de forma segura de una fuente a otra. Sin embargo, su principal ventaja es la capacidad de mover grandes cantidades de una fuente potencialmente contaminada a un lugar donde se pueda procesar en agua limpia.

Inventado en 1991 por los sudafricanos Pettie Petzer y Johan Jonker, el Hippo Roller consiste en un tambor de 90 litros que está conectado a un mango diseñado para empujar o tirar del rodillo. El tambor presenta una gran abertura (135 mm) para facilitar el llenado y la limpieza, con el rodillo hecho de polietileno de baja densidad ultravioleta (UV) y diseñado para moverse fácilmente sobre superficies rugosas.

El costo del Hippo Water Roller es de $ 125 USD, lo que significa que las ONG tendrán que comprarlo y distribuirlo. Desde su desarrollo, se han distribuido y vendido más de 55.000 unidades en 48 países.

El Hippo Roller es un contenedor de 90 litros (24 galones) que se puede rodar por el suelo para obtener un transporte seguro.

Capítulo 7

SELECCIÓN DE LA FUENTE DE AGUA DULCE

"El agua está en el centro de cada reacción química y, por lo tanto, debería ser el regalo más preciado de la Tierra".

-Janine Benyus

Planificación para la cantidad correcta de agua

Inicialmente, es importante estimar el volumen de agua requerido por el pueblo, la escuela, el orfanato o el hogar. Es mejor elaborar una estrategia de una cantidad de litros/día/persona y luego multiplicarla por la cantidad de personas a las que se planea servir.

El número puede ser muy variable, desde 578 litros/día por persona en los Estados Unidos, 340 en Australia, 95 en Asia y 47 en África. En África y Asia, es probable que el uso del agua sea mayor en las zonas urbanas que en las rurales.

El siguiente es un desglose en lo que se consideran cantidades mínimas de agua requeridas para fines específicos:

Agua potable

La regla habitual es beber ocho vasos de agua de 8 onzas por día. Algunos creen incorrectamente que esta es una gran cantidad y que solo se debe beber agua cuando se tiene sed. Este último es un síntoma de deshidratación.

Cocinando

La cantidad de agua necesaria para cocinar es muy variable, ya que depende de lo que se esté cocinando, pero el mínimo es de aproximadamente cuatro litros/día por persona.

Lavar los platos

La cantidad de agua requerida para lavar los platos también puede variar ampliamente, pero el requerimiento general es de aproximadamente 8 a 11 litros/día por persona.

Lavándose las manos

Lavarse las manos con un Tippy Tap (consulte el Capítulo 11) generalmente requerirá de dos a tres litros por lavado a mano. Entonces, si una persona se lava las manos cuatro veces al día, eso podría requerir de 8 a 12 litros/día por persona.

Baños

En muchos países en desarrollo, las duchas o bañeras son a menudo un lujo inalcanzable, ya que la mayoría de los baños se realizan en arroyos, ríos o lagos cercanos.

Baños

En los países en desarrollo, los inodoros generalmente son letrinas de pozo o inodoros de compostaje EcoSan, por lo que no se requiere agua.

Lavar la ropa

Lavar la ropa en los países en desarrollo casi siempre es realizada por mujeres que usan lagos, arroyos o ríos por lo que no es necesario asignar agua limpia.

TOTAL

Los números anteriores suman un total de 22 a 29 litros por día por persona. Por lo tanto, le recomiendo que planifique un mínimo de uno o dos bidones de 20 litros/persona por día.

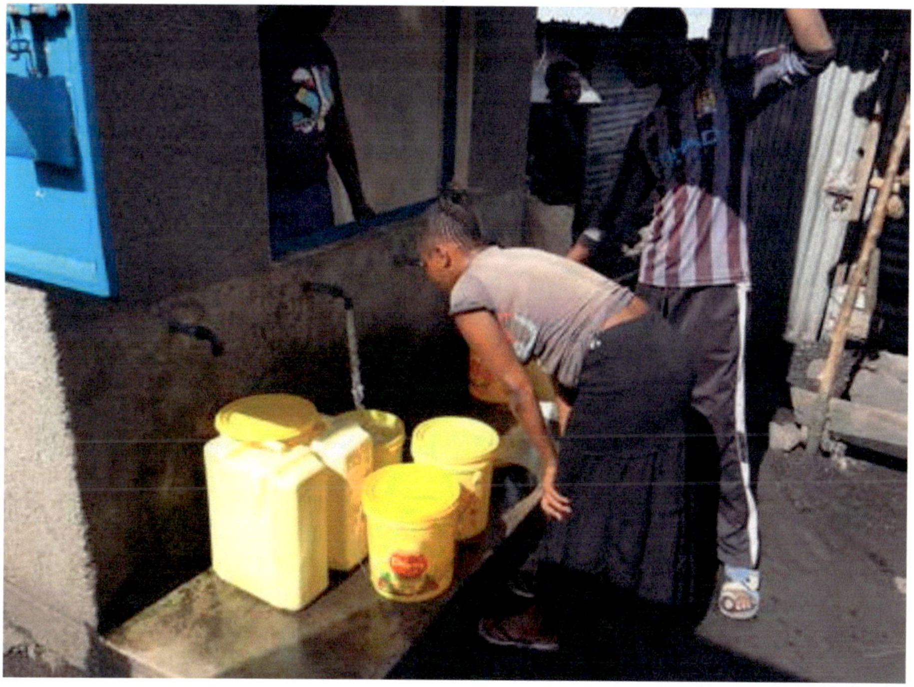

Llenado de bidones y cubetas en la isla de Remba, Kenia.

Seleccionar una fuente de agua

A veces, la fuente de agua puede ser obvia, como el suministro de agua para la isla de Remba, Kenia, que utiliza el lago Victoria, el segundo lago de agua dulce más grande del mundo y una de las fuentes del Nilo Blanco.

Sin embargo, en otros lugares, las opciones para una fuente de agua pueden incluir un estanque, arroyo o río cercano, o un pozo que aún no se ha cavado o taladrado, o usar la recolección de agua de lluvia de los techos apropiados.

Cabe señalar que el agua se transporta solo por gravedad o presión, por ejemplo, en una tubería. La gravedad controla el flujo de agua en canales abiertos, incluidos ríos, arroyos o canales o en una tubería parcialmente llena, como una alcantarilla debajo de una carretera.

Las fuentes ideales de agua están a una elevación más alta, por lo que pueden ser desviadas y transportadas por gravedad a su punto de uso. La presión es el flujo de agua en las tuberías que se suministra a través de un cabezal hidráulico. Por lo general, esta agua se entrega desde un tanque de almacenamiento elevado.

La elección de la fuente de agua debe hacerse utilizando varios criterios, a saber:

1. La cantidad de agua disponible tanto en la temporada de lluvias como en la seca.
2. La calidad del agua. ¿Una de las tres fuentes principales (agua subterránea, agua superficial, recolección de agua de lluvia) promete mejor calidad que las otras?
3. Los costos de llevar el agua desde su fuente al usuario. Estos pueden incluir tuberías, bombas, tanques de almacenamiento elevados, quioscos y equipos de filtrado.
4. ¿Se debe bombear el agua cuesta arriba o se puede obtener el suministro por gravedad?
5. Si se requiere bombear, ¿hay electricidad disponible fuera de la red o se deberán comprar paneles solares u otras formas de energía?

Deberá seleccionar la fuente que sea más simple de obtener y que fluya bajo la gravedad, si es posible.

Agua subterránea

El bombeo de agua desde el suelo es uno de los métodos más populares para obtenerlo, para una amplia variedad de propósitos en todo el mundo.

Para muchos rotarios y ONG, cavar pozos o perforar pozos es un medio rápido y fácil de obtener un suministro de agua. El agua subterránea tiene la ventaja de ser abundante, existe a una temperatura fresca de 11 a 16 grados centígrados y, por lo general, pero no siempre, está libre de contaminación, ya que se ha filtrado a través de arena y grava.

Un niño en Ghana reflexiona sobre una fuente de agua contaminada.

El agua subterránea ocurre en acuíferos confinados y no confinados. Un acuífero se puede definir como un cuerpo que contiene agua. Por lo general, está hecho de grava, arena o roca fracturada. El agua se mueve a través de los acuíferos porque tienen espacios de permeabilidad conectados. La velocidad a la que fluye el agua subterránea depende del tamaño de esos espacios en el suelo o roca y qué tan bien están conectados esos espacios.

Acuíferos no confinados

El agua subterránea ocurre en un acuífero no confinado cuando la lluvia se infiltra en la superficie del suelo, se filtra a través del suelo y se acumula en el suelo. Cuando alcanza una estructura de roca geológica impermeable, comienza a elevarse en altura para formar una capa freática.

Cuando el agua subterránea alcanza un nivel sostenible, que ocurre cuando el flujo de salida promedio es igual a la infiltración promedio, se asegura una capa freática.

La mayoría de los suministros de agua subterránea en el mundo provienen de acuíferos no confinados, que tienen la ventaja de estar disponibles con frecuencia. Sin embargo, también se contaminan fácilmente.

Acuíferos confinados

Los acuíferos confinados son como tuberías subterráneas. Por lo general, se recargan por la infiltración de agua de lluvia en elevaciones altas, a veces distantes. Con el tiempo, una cabeza de presión (llamada cabeza piezométrica) se acumula a medida que el nivel del agua aumenta en el interior.

Cuando el acuífero confinado se perfora con un pozo, el agua sube por el tubo del pozo hasta el nivel de presión. Esto se llama pozo artesiano o de flujo. Ahora son bastante raros en el mundo debido a su agotamiento y uso excesivo.

Los pozos pueden ser agujeros cavados a mano en el suelo o también agujeros que se taladran, ya sea mediante un sinfín torcido a mano o por una máquina de perforación. Se esperaría que, ya sea cavado a mano o taladrado, la mayoría, si no todos, extraerán agua de acuíferos no confinados.

Cavar o perforar un pozo

Entonces, ¿cómo se comienza? Primero, realice un inventario de pozos cercanos, si están disponibles. Puede hacerlo viajando a pueblos y ciudades locales o, mejor aún, hablando con el perforador de pozos local si hay uno en las cercanías.

Una vez que haya localizado varios pozos, debe determinar:

1. La profundidad del nivel freático en metros. Esto determinará si puede levantar el agua del pozo a mano (por ejemplo, usando un balde) o si necesitará una bomba.
2. El caudal en litros/hora tanto para la temporada de lluvias o la seca.

3. Si el pozo contiene agua o no durante la temporada seca.
4. La calidad del agua. ¿Tiene sabor salado? ¿Contiene altos niveles de minerales disueltos, como arsénico o fluoruro? ¿Contiene sedimento?
5. La cantidad de tiempo que se requerirá para cavar o taladrar el pozo y lo que costará.

Si planea usar una bomba en la superficie del suelo, es importante tener en cuenta que la altura de succión máxima al nivel del mar es de 10,3 metros a una atmósfera de presión (100 kPa). Pero esto es para un vacío perfecto. En realidad, la elevación máxima real al nivel del mar es de aproximadamente 8,0 metros. De lo contrario, necesitaría una bomba centrífuga ubicada en el pozo o en el cuerpo de agua (como un lago).

La información que ha reunido de su estudio debería permitirle determinar si va a cavar o perforar un pozo y el tipo de bomba que usará, o buscar otra fuente.

Otras Consideraciones

Desafortunadamente, el agua subterránea también es altamente susceptible a contaminantes y contaminación. Puede contener altos niveles de minerales naturales, como sales, arsénico, flúor y contaminantes artificiales, como productos derivados del petróleo que se han infiltrado hasta el nivel freático. El agua subterránea siempre debe analizarse en un laboratorio calificado de calidad del agua antes de distribuirse para su uso. De hecho, antes de perforar, el agua de los pozos existentes cercanos debe volver a analizarse para determinar si el nuevo pozo probablemente proporcionará agua limpia y útil.

Algunos tanques de almacenamiento subterráneos pueden corroer o permitir la filtración de productos químicos. Los sistemas sépticos tienden a filtrar bacterias, virus y productos químicos domésticos en el agua. (La calidad del agua se trata en el Capítulo 8). Incluso los contaminantes en la atmósfera pueden llegar al agua subterránea.

Como está fácilmente disponible, el agua subterránea es propensa a ser utilizada en exceso y agotada, principalmente debido al bombeo sostenido sin una recarga adecuada. Puede conducir a una reducción del nivel freático, lo que incrementa los costos de bombeo y al hundimiento del terreno.

El agotamiento del agua subterránea que se bombea cerca de cuerpos de agua de agua salada, como a lo largo de las costas, puede producir una intrusión de agua salada en el acuífero. Una vez que el acuífero contiene agua salada, generalmente ya no se puede usar. Este es un hecho común en todo el mundo.

El bombeo de agua subterránea en islas que están rodeadas de agua de mar o en comunidades costeras debe controlarse cuidadosamente. Esto se debe a las diferencias entre la densidad del agua de mar y la del agua dulce. ¡Bajar el nivel freático en 1,0 metro en un pozo de agua dulce puede hacer que el agua del mar suba 40,0 metros en el pozo! Esto se conoce como la relación Ghyben-Herzberg.

Agua de superficie

El agua superficial, como en ríos, arroyos, estanques, riachuelos, lagos y manantiales proporciona una fuente común de suministro de agua potable. Sin embargo, estos a menudo están contaminados y tienen un color turbio debido al sedimento suspendido. (La eliminación de sedimentos se trata en el Capítulo 2).

Por lo general, se puede acceder fácilmente al agua superficial y se puede obtener simplemente bajando un balde o bidón, generalmente de unos 20 litros, al lago o arroyo.

Nuevamente, debe determinar si la fuente va a desaparecer durante la temporada de sequía. Las restricciones de bombeo son similares a las ya mencionadas para el bombeo de agua subterránea.

El agua superficial es especialmente importante dada la reputación de los ríos y lagos como fuentes literales de vida.

Durante mucho tiempo han sido esenciales, no solo para los humanos, sino también para toda la vida en la Tierra, incluidas las plantas y los animales, desde que los primeros animales unicelulares salieron del cieno primordial.

Agua de lluvia en las cosechas

La recolección de agua de lluvia es la recolección de vertientes de techos y otras superficies impermeables. A menudo se usa como un método para proporcionar agua a los habitantes de las islas de todo el mundo. Sin embargo, también se usa en áreas que tienen temporadas de lluvias prolongadas y estaciones secas como una forma de unir las temporadas.

La recolección de agua de lluvia es particularmente popular en áreas aisladas, como las islas de la Polinesia Francesa al noreste de Tahití, las islas frente a la costa de Belice y en las escuelas de los países en desarrollo como Kenia y Vietnam.

Además, países desarrollados como Nueva Zelanda y Australia fomentan el uso de la recolección de agua de lluvia incluso para uso dentro del hogar. Sin embargo, en California, dicho uso está restringido al que se realiza fuera del hogar y no se permitió en absoluto hasta la Ley de Recuperación de Aguas Pluviales de 2012.

Estos sistemas de cosecha funcionan mejor para proporcionar agua a los hogares individuales, generando un suministro directo de agua. También se pueden usar con una estructura existente (por ejemplo, casa o edificio) y han demostrado ser eficientes en la recolección de agua de lluvia debido a los altos coeficientes de vertientes. Proporcionan agua de relativamente buena calidad.

Los sistemas de recolección de agua de lluvia son ideales cuando:

1. Hay escasez de agua en la región.
2. La calidad del agua es deficiente (i.e., aguas subterráneas con contaminación por arsénico o fluoruro o alta salinidad).

3. El sistema de suministro de agua convencional ha fallado.
4. Se utilizan materiales impermeables para techos, como tejas y hierro corrugado, en lugar de los techos de paja y césped tradicionales.
5. Hay estaciones húmedas y secas.

Hay varios beneficios para recolectar y almacenar agua de lluvia en pueblos y ciudades. Estos incluyen proporcionar suministros suplementarios para hogares con acceso limitado al agua para uso doméstico, así como mantener la disponibilidad dc agua limpia en caso de desastres.

Sin embargo, también existen algunas limitaciones si se desea recoger agua de lluvia para uso doméstico en entornos urbanos, incluida la mala calidad del agua debido a la contaminación del aire, la escasez de espacio para el almacenamiento de agua de lluvia y el alto costo de la tierra.

Los beneficios de la recolección de agua de lluvia para uso doméstico en los países en desarrollo son muchos:

1. El agua de lluvia es un recurso gratuito.
2. Ofrece un control completo sobre el suministro de agua.
3. Complementa otras fuentes de agua y sistemas de servicios públicos.
4. Mejora la seguridad del agua en los hogares y la conservación del agua.
5. Es relativamente simple de diseñar, construir, instalar y operar.
6. Permite a los hogares disfrutar de un mejor suministro y calidad de agua.
7. Enfatiza el desarrollo de autoayuda a pequeña escala, basado en la comunidad.
8. Es ambientalmente responsable.

Los escombros, la suciedad y los desechos animales se acumularán en las áreas de captación del techo, y cuando llegue

Un sistema de captación de agua de lluvia Rotoplas.

la primera lluvia, este material potencialmente peligroso se puede introducir al tanque de almacenamiento. Para evitar la contaminación, el sistema debe incorporar un método para desviar esta "primera descarga" de agua para que no entre al tanque y afecte la calidad del agua.

El enfoque más simple para garantizar agua limpia es tener la vertiente inicial, digamos los primeros 25 mm, dirigida a una tubería vertical. Esta tubería está diseñada con una pequeña salida en la parte inferior y un vertedero de desbordamiento cerca de la parte superior para que el flujo restante se guíe hacia una tubería que conduce a un tanque de almacenamiento.

La vertiente de los techos se puede almacenar en tanques de agua Rotoplas que son fuertes y duraderos, hechos de polietileno de alta densidad (HDPE). Los tanques Rotoplas están disponibles para la venta en numerosos países de todo el mundo. Vienen en tamaños que varían de 200 a 12.000 galones (757 a 45.425 litros), son relativamente económicos y herméticos.

Otras opciones de almacenamiento incluyen cisternas subterráneas, que se pueden cavar a mano o utilizando máquinas si están disponibles. Su tamaño se calcula fácilmente, ya que denota el volumen de agua que planea almacenar. (Ver el estudio de caso sobre Carmelita, Guatemala — Capítulo 16-6.)

Idealmente, el tamaño de la cisterna sería suficiente para contener toda el agua necesaria para transportar a la casa o al pueblo durante toda la temporada de sequía. Debe estar revestida con hormigón u otro material impermeable, como arcilla o ladrillos.

Se debe tener cuidado para evitar que insectos y contaminantes ingresen a la cisterna desde su parte superior, sin mencionar niños o animales. Idealmente, las cisternas están cubiertas con una tapa de hormigón.

Las canaletas son el método más utilizado para desviar el agua de lluvia de los techos. Vienen en una gran variedad de figuras y formas, que van desde tubos de cloruro de polivinilo (PVC) fabricados en fábrica hasta bambú local o canalones de chapa plegada.

Las canaletas generalmente se fijan al edificio justo debajo del borde del techo. En los países en desarrollo, las canaletas tienden a ser el eslabón más débil del sistema de recolección de agua de lluvia.

La parte superior de la bajante debe tener una pantalla de malla fina para evitar que los mosquitos y otros insectos entren al tanque de almacenamiento. Hacia el fondo del tanque, debe haber una tubería de descarga con una válvula de cierre para la limpieza periódica. Por encima de esa tubería, es prudente tener una tubería de acceso con una válvula de cierre. La tubería debe estar lo suficientemente alta sobre el suelo para permitir el llenado de bidones y cubetas.

Los tanques a menudo son de color negro o verde oscuro para limitar la luz y reducir el crecimiento de algas transmitidas por el agua.

Pozos profundos

En la India, muchas familias rurales obtienen su agua potable de pozos profundos. Debido a que los pozos están a más de 60 metros de profundidad, el agua ha sido sellada debajo de una capa impermeable de la Tierra durante un largo período de tiempo, tal vez cientos o miles de años. Es comúnmente libre de bacterias.

Sin embargo, debido a que el agua es vieja, tiene un alto contenido de sal disuelta y puede dar como resultado un mal sabor que no se encuentra en aguas superficiales más frescas. La construcción de pozos profundos también puede ser costosa y lenta debido al equipo especializado de perforación profunda que se requiere.

Recolección de agua en África.

Otras fuentes

El agua también se puede recoger de la niebla en las zonas costeras. Grandes hojas de lienzo o pantalla de malla se montan en un marco. El agua que se condensa de la atmósfera se acumula en la pantalla y baja a un canal horizontal en la parte inferior de la pantalla.

Desalinización

Como el 71% de la superficie de la Tierra está cubierta por océanos, la desalinización a menudo viene a la mente como un medio de suministro de agua. Sin embargo, es la opinión de este autor que no es una fuente viable de agua para los países en desarrollo debido a la gran cantidad de energía requerida en el proceso de desalinización. (Ver Capítulo 3.2.)

La desalinización requiere hasta 6.900 kPa de presión para empujar el agua salada a través de las membranas para separar el agua de la sal del océano. Esta presión se puede comparar con 414 kPa, que es la presión de agua habitual en un hogar.

Por lo tanto, la desalinización requiere 17 veces la energía que se utiliza para suministrar agua a un hogar. Esta alta presión cuesta mucho de obtener y está fuera del alcance de la mayoría, sino de todos, los países en desarrollo.

Capítulo 8

CALIDAD DEL AGUA

"En el vino hay sabiduría, en la cerveza hay libertad, en el agua hay bacterias".

-Benjamin Franklin

En una Convención Rotaria Internacional, un compañero asistente me dijo: "Si me das una donación de $ 2.000, perforaré un pozo en África Occidental y pondré tu nombre en él".

"¿Cuál es la calidad del agua disponible?" Pregunté.

"No lo sé", respondió, "pero es mejor que lo que tienen ahora".

Pensé en silencio: ¿Lo es?

El hecho de que un suministro de agua esté disponible para su uso en cualquier situación no significa que sea seguro beberlo. El agua que puede parecer limpia y libre de contaminantes cuando se observa a través de un vaso puede que no sea segura para beber debido a los contaminantes disueltos.

Además, se han excavado cientos de pozos en el mundo en desarrollo que contienen arsénico, flúor y otros minerales naturales, lo que provoca enfermedades e incluso la muerte.

Estos contaminantes minerales se producen en numerosos proyectos de agua en países en desarrollo. Hay grupos bien intencionados que ven la necesidad de proporcionar agua limpia en una serie de situaciones diferentes, pero a menudo utilizan un enfoque incorrecto o no prueban adecuadamente la calidad del agua "limpia" resultante. A la larga, algunos de estos sistemas de agua pueden hacer más daño que bien.

La contaminación de cualquier fuente de agua es causada por toxinas con una base física, biológica, química o radiológica.

Contaminantes físicos

Los contaminantes físicos están compuestos de sedimentos o materia orgánica que se suspende en el agua de lagos, ríos y arroyos. Por lo general, se producen por el agua que fluye sobre la superficie o subsuperficie de la Tierra, lo que erosiona el suelo.

Estas impurezas afectan el color, el sabor y el olor del agua. El sedimento (o turbiedad) en el agua hará que se vea poco atractiva. El agua también puede tener un sabor salobre, ya que las sales generalmente se detectan cuando están en concentraciones superiores a 600 mg/litro.

El agua puede oler a podrido debido al azufre natural, como en algunas fuentes de azufre calientes. Rotorua, Nueva Zelanda, es un ejemplo de este fenómeno.

Sin embargo, si se encuentra en una situación en la que tiene una sed desesperada (por ejemplo, en un desierto), los contaminantes físicos de color, sabor y olor no lo matarán, pero pueden causarle un caso grave de diarrea. Eso es lo peor que sucederá. También es posible que no le afecten en absoluto, salvo por el terrible sabor, olor y apariencia.

Los contaminantes físicos igual pueden incluir material orgánico que cae en el agua superficial, como hojas, árboles e incluso animales en descomposición.

Contaminantes biológicos

Los contaminantes biológicos son simplemente organismos en el agua. También se les conoce como microbios o contaminantes microbiológicos. Ejemplos de estos incluyen virus, bacterias, hongos, protozoos y parásitos.

Los virus son los contaminantes más diminutos. Son aproximadamente 100 veces más pequeños que las bacterias y varían en tamaño de 0,017 a 1,9 micras.

El tamaño de las bacterias varía desde 0,2 micras hasta 8 micras. Las enfermedades comunes transmitidas por el agua causadas por bacterias son: el cólera, la fiebre tifoidea y la enfermedad del legionario.

Existe la legendaria historia del brote de cólera en Londres en agosto de 1854. Un médico de Soho llamado John Snow comenzó a investigar el origen de la epidemia, que coincidiría con su teoría de que el cólera se propagó por agentes patógenos transmitidos por el agua en lugar de por el aire (que era la creencia predominante en ese momento).

John Snow, un médico cuya teoría de que el cólera se propagó por agentes patógenos transmitidos por el agua en lugar de hacerlo por el aire, lo llevó a eliminar un brote de enfermedad legendario en Londres en 1854.

Después de más de 600 muertes por cólera en un mes, el Dr. Snow rastreó la fuente hasta una bomba de agua callejera muy frecuentada en Broad Street. Convenció a los funcionarios locales para que le permitieran quitar el mango de la bomba, lo que hizo el 8 de septiembre de 1854. El brote terminó casi de inmediato.

Los patógenos más grandes que conducen a enfermedades transmitidas por el agua incluyen protozoos, que tienen un tamaño de 10 a 52 micras; quistes, que son de 2 a 50 micras; y el gusano de Guinea, cuya longitud varía de 600 a 800 mm y con un diámetro de 2 mm. Las temperaturas muy bajas tienden a inhibir el crecimiento de muchos organismos biológicos.

Contaminantes químicos

Los contaminantes químicos son elementos o compuestos. Estos pueden ser naturales o hechos por el hombre. Ejemplos de estos contaminantes naturales incluyen arsénico, fluoruro, selenio y nitrato. Los productos químicos se filtran de las rocas debido al agua que pasa a su alrededor.

Los contaminantes químicos hechos por el hombre incluyen hidrocarburos, pesticidas, lejía, sales, plomo, metales tóxicos y toxinas producidas por bacterias, así como medicamentos destinados a humanos o animales.

Arsénico en agua potable

Muchas personas se sorprenden al saber que hay arsénico natural en el agua potable. El agua es un excelente solvente. Disuelve el arsénico a medida que fluye pasando formaciones geológicas que contienen este mineral.

Los límites de la Organización Mundial de la Salud (OMS) y la Agencia de Protección Ambiental de los Estados Unidos (EPA) para el arsénico en el agua potable son 0,010 mg/litro. Esto es 10 partes por mil millones (10 ppb en inglés).

El agua potable en varias regiones del mundo contiene arsénico de metales pesados de origen geológico en concentraciones que son perjudiciales para los humanos.

Envenenamiento por arsénico en Bangladesh

En la década de 1970, las personas en Bangladesh morían en gran número de cólera y otras enfermedades diarreicas. La UNICEF y otras ONG estaban ayudando a los países a acceder a agua limpia en los países en desarrollo. Promovieron el uso de pozos poco profundos, bombeados a mano.

Los pozos parecían ser una solución de libro de texto. Eran baratos; fáciles de mantener; una colaboración del gobierno, la comunidad y el sector privado; y se centró en atacar la causa raíz en lugar de los síntomas. Se estima que se perforaron 10 millones de pozos de tubos bombeados a mano en todo el país, primero por el gobierno, UNICEF y ONG, y luego por individuos y familias.

El proyecto parecía ser un éxito rotundo. La pureza del agua incluso fue probada por el British Geological Survey. Desafortunadamente, no hicieron pruebas de arsénico.

Esto condujo a la contaminación por arsénico de las aguas subterráneas en Bangladesh, donde se estima que 57 millones de personas bebían concentraciones de arsénico superiores a 10 ppb. Una de cada diez personas consumía contaminaciones de arsénico en el nivel de 500 ppb.

Según la OMS, los síntomas a largo plazo del envenenamiento por arsénico se producen primero con un oscurecimiento de la piel, que también puede enrojecerse o inflamarse. Otros síntomas a largo plazo incluyen dolor de garganta constante y problemas digestivos.

El incidente de Bangladesh con razón se ha llamado el mayor envenenamiento masivo de una población en la historia mundial.

Detección de arsénico en aguas subterráneas.

El primer paso en la detección de arsénico es determinar si el arsénico prevalece o no en el área.

Esto incluiría revisar un mapa mundial de ubicaciones de arsénico y su riesgo relativo, una conversación con los

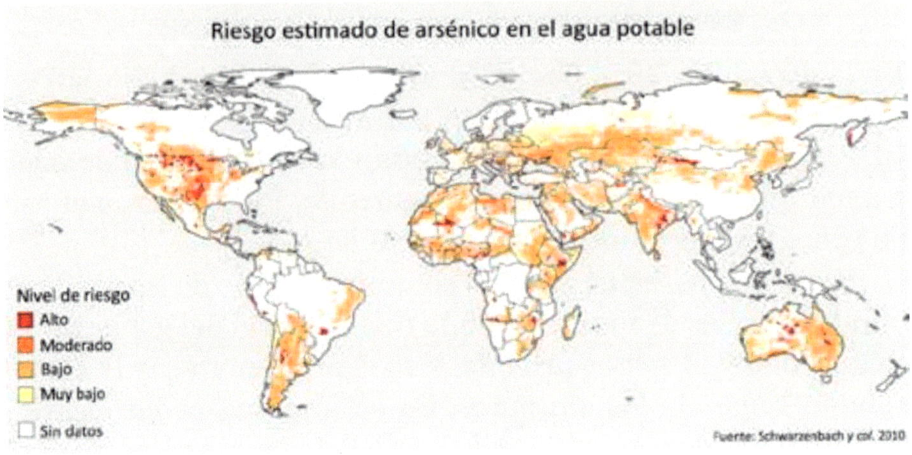

perforadores locales y conversaciones con agencias geológicas del gobierno local sobre la prevalencia relativa de arsénico.

El arsénico no tiene sabor ni olor, lo cual es una bendición y una maldición. Solo se puede detectar mediante una prueba química. Si hay un laboratorio local de calidad del agua en su área, sería el mejor lugar para analizar el agua del pozo.

Hay varios kits de detección de arsénico y tiras reactivas en el mercado. El siguiente enlace es de Water & Waste Digest (WWD): https://www.wwdmag.com/arsenic/arsenic-testing-easy-way

El artículo de WWD resume los atributos de un kit de prueba de arsénico, incluidos los factores importantes a considerar al elegir un kit de prueba, de la siguiente manera:

1. ¿Qué tan fácil es de usar? Busque instrucciones claras con ilustraciones.
2. ¿Cuánto tiempo lleva realizar la prueba? Cuanto menos tiempo se requiera para realizar la prueba, mejor.
3. ¿Cuánto cuesta? Existe un balance entre costo y rendimiento.
4. ¿Cuál es el rango de los resultados de detección?

Las opciones portátiles de pruebas de campo para el arsénico no son muchas. La mejor medición se realiza en un laboratorio.

Si bien existen kits de prueba disponibles comercialmente, estos son relativamente complejos y requieren varios pasos. Sin embargo, detectan arsénico en casi todas las muestras cuando están presentes en concentraciones superiores a 100 microgramos/litro (mcg/litro).

Eliminación de arsénico del agua potable

Una vez que se ha detectado arsénico en el agua de un pozo, la pregunta es: ¿Cuál es la mejor manera de eliminarlo? La filtración a través del carbón activado reducirá la cantidad de arsénico en el agua potable del 40% al 70%. El intercambio aniónico puede reducirlo en un 90% a100%. La ósmosis inversa tiene una tasa de eliminación del 90%, y la destilación eliminará el 98%.

La mayoría de estos procedimientos son caros y difíciles de usar en un país en desarrollo. Sin embargo, la CAWST ha desarrollado un filtro de bioarena modificado para la eliminación de arsénico, llamado filtro de arsénico de Kanchan (KAF). El KAF es un filtro de bioarena con 5 a 6 kg de hierro de valencia cero (ZVI por sus siglas en inglés) agregado a la cuenca del difusor.

El hierro cerovalente forma una barrera reactiva permeable que filtra el arsénico en el agua subterránea. Una fuente común de hierro cerovalente son los clavos de hierro pequeños, oxidados, no galvanizados. Visite el enlace del sitio web de CAWST a continuación para obtener detalles sobre cómo este filtro de bioarena modificado elimina el arsénico. https://www.cawst.org/blog/bydate/2008/04/adapting-the-biosand-filter-for-arsenic-removal

Ashok Gadgil, Ph.D., científico senior de la facultad en el Área de Tecnologías de Energía del Laboratorio Nacional Lawrence Berkeley y miembro de la facultad del Departamento de Ingeniería Civil y Ambiental de la Universidad de California en Berkeley y su equipo, han construido un sistema de eliminación de arsénico llamado Remediación electroquímica de arsénico

(ECAR por sus siglas en inglés) que ha tenido mucho éxito en la eliminación de la contaminación por arsénico del agua potable. El costo de este sistema es de aproximadamente 60 paise (0,6 rupias) por litro ($ 0,83 USD/litro). https://www.thebetterindia.com/166611/clean-drinking-water-arsenic-bengal-india-news/

La aparición de fluoruro en el agua potable.

Al igual que el arsénico, el fluoruro se filtra de las formaciones geológicas a medida que pasa el agua. El fluoruro es un mineral natural en el agua subterránea en todo el mundo. Ver el mapa a continuación. Como muchas cosas en la vida, un poco de fluoruro es bueno para usted, mientras que demasiado es malo.

El fluoruro natural en los pozos puede variar desde 10 mg/litro hasta 2.800 mg/litro. Las personas que beben agua de pozo con un alto nivel de flúor tienen manchas marrones en los dientes, lo cual es desagradable y puede evitar que obtengan trabajos que requieren interactuar con el público.

La norma de la OMS para el fluoruro en el agua potable es de 0,5 a 1,5 mg/litro. Las normas de la EPA de E.E. U.U. son para un nivel máximo de contención (MCL) de 2,0 mg/litro. Muchas ciudades en todo el mundo agregan flúor a su agua potable para prevenir la caries dental. Por ejemplo, el Departamento

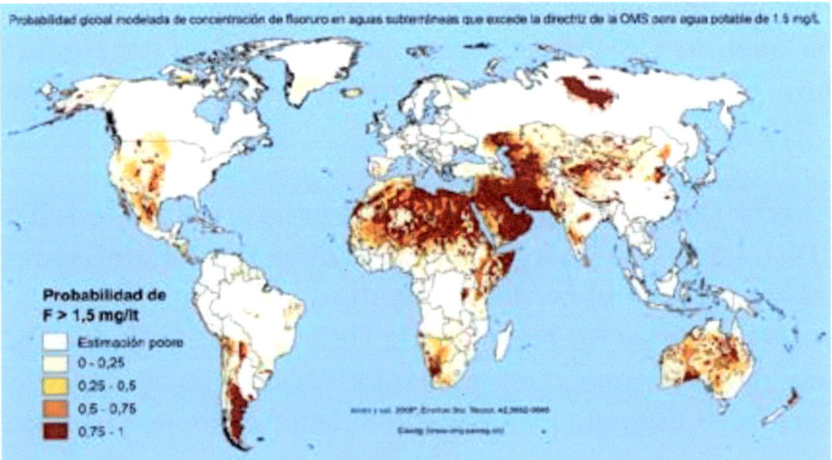

de Agua y Energía de Los Ángeles (LADWP por sus siglas en inglés) agrega 0,7 mg/litro a sus suministros de agua potable.

La detección de flúor en el agua potable.

Para encontrar una manera fácil de detectar fluoruro, investigadores de la Universidad de Cochin de Ciencia y Tecnología en la India ha desarrollado dos sensores ópticos portátiles, uno es un diodo emisor de luz (LED) y la otra una fibra óptica. En ambos sensores, se hace pasar una luz por un tubo pequeño que contiene una solución a base de flúor. La luz cae sobre un fotodiodo. La salida del fotodiodo se amplifica y se envía a un convertidor analógico a digital, que proporciona los niveles de fluoruro.

Los investigadores también probaron la eficacia de los sensores utilizando muestras de agua recolectadas del distrito de Alappuzha de Kerala en India, que, según se informa, tiene altas concentraciones de fluoruro en el agua subterránea, y descubrieron que funcionaba.

Al menos un disco de color está disponible para pruebas de fluoruro. Sin embargo, los colorímetros digitales portátiles son a menudo preferidos debido a las imprecisiones. Akvo Caddisfly describió recientemente una prueba de fluoruro colorimétrico que se puede leer usando una aplicación de teléfono inteligente. https://akvo.org

La eliminación de flúor del agua potable

Según el profesor Ashok Gadgil: "Ha habido un éxito menos cuantificable en la eliminación confiable de los niveles inseguros de fluoruro del agua".

En 2017, visité una fábrica en Nakuru, Kenia, que fue diseñada para eliminar el flúor del agua potable. Era operada por la diócesis católica de Nakuru. La tecnología de carbonización ósea fue el procedimiento utilizado para estimular la eliminación del fluoruro.

En el carbón de huesos, los huesos de animales se recolectan de carniceros alrededor del área. Primero se queman a una temperatura superior a 400 grados Celsius durante 10 días para eliminar las impurezas. Los huesos se trituran en granos finos y se lavan durante cuatro días. Los carbones óseos restantes se convierten en un filtro, y el agua cargada de flúor pasa a través del filtro de carbón óseo. El calcio y el fosfato restantes en los carbones de hueso absorben el fluoruro a medida que el agua se abre paso.

El agua en el área contiene fluoruro de hasta 100 mg/litro. El proceso de carbón de huesos elimina el fluoruro a menos de 1,5mg/litro. El costo de los filtros, que duran aproximadamente seis meses, es de 3.500 a 10.000 chelines kenianos (KES). El tipo de cambio actual es de 103 chelines kenianos por $ 1 USD.

Otros métodos para eliminar el fluoruro del agua potable incluyen: alúmina activada, nanofiltración y ósmosis inversa, absorción, intercambio iónico y destilación de agua. Cada uno de estos se presenta en la literatura científica; sin embargo, actualmente no existe un método económico disponible en los países en desarrollo para la eliminación constante de fluoruro del agua potable.

Contaminantes radiológicos

Estas son sustancias radioactivas potencialmente tóxicas que han ingresado al suministro de agua. También se conocen como radionucleidos. Los componentes radiológicos que se encuentran naturalmente en el agua incluyen: isótopos de radio, uranio y radón, entre otros.

Los componentes radiológicos también pueden originarse en fuentes artificiales, como los desechos de plantas de energía nuclear y algunas instalaciones médicas. Las partículas radioactivas liberadas o almacenadas incorrectamente pueden filtrarse en las aguas subterráneas o unirse a partículas de polvo en el aire. Una vez que se unen, pueden viajar por el aire antes de instalarse en fuentes de agua potable que incluyen ríos, lagos y arroyos.

La exposición a largo plazo o incluso un breve contacto con estos contaminantes representan un peligro significativo para la salud, con altas dosis que conducen al cáncer (incluidas las neoplasias malignas de los pulmones, la piel, los huesos, el hígado, los riñones, el estómago y las glándulas tiroides).

PRUEBAS DE CALIDAD DEL AGUA EN EL CAMPO.

Se recomienda que todas las fuentes de agua utilizadas para consumo humano se prueben por adelantado. Sin embargo, en los países en desarrollo, es posible que no haya un laboratorio que verifique la calidad del agua cerca del agua de origen, y a continuación se enumeran sugerencias para realizar pruebas en el campo.

IDEXX

https://www.idexx.com/en/water/

La prueba de calidad del agua más importante es para *E. coli*, ya que está presente en toda la contaminación fecal humana y animal. La prueba estándar mundial para la detección de *E. coli* es la de IDEXX Laboratories.

La prueba IDEXX Colilert utiliza la tecnología patentada de sustrato definido (DST por sus siglas en inglés), para detectar coliformes (bacterias presentes en el tracto digestivo de animales y humanos) y *E. coli*.

La prueba IDEXX está aprobada por la EPA de E.E. U.U. para el agua potable, aguas residuales y aguas de origen. También está aprobado por la Asociación de Químicos Analíticos Oficiales (AOAC), la Asociación Internacional de Agua Embotellada (IBWA) y la Asociación Europea de Agua Embotellada (EBWA).

La prueba es simple y rápida de administrar. Sin embargo, el método requiere una incubación de 24 horas con una incubadora, la cual requiere electricidad. Se puede comprar una incubadora de pollos en Amazon.com o en otro lugar. También se pueden encontrar para comprar en línea, incubadoras con respaldo de batería.

La prueba identifica al *E. Coli* y los coliformes en el agua potable, aguas residuales y aguas de origen, con un envase de dosificación unitaria que elimina la preparación de los medios con menos de 60 segundos de tiempo práctico. Y puede detectar un solo organismo coliforme o *E. Coli* por muestra. Además, la prueba tiene una vida útil de un año completo cuando se almacena a temperatura ambiente.

Aqua Genx

https://www.aquagenx.com/e-coli-test-kits/

Otra prueba popular para la detección de *E. Coli* es de Aqua Genx. Compacto y liviano, el kit de prueba de calidad de agua cuantitativa *E. coli* de la prueba de bolsa de compartimento Aqua Genx (CBT por sus siglas en inglés) es una simple prueba de campo in situ. Está optimizado para áreas de bajos recursos, rurales y de desastre o emergencia.

La prueba CBT presenta una puntuación de coincidencia de color que permite al usuario determinar el número más probable (MPN) de *E. Coli* en una muestra de 100 ml. Puede llevarse a cabo con poca capacitación y no requiere incubación ni electricidad, y, por lo tanto, no requiere laboratorio ni equipo costoso. Proporciona resultados de las pruebas en 24 a 48 horas dependiendo de la temperatura ambiente.

Petrifilm 3M

http://tinyurl.com/y2zruz7b

La presencia de *E. Coli* también puede determinarse usando placas 3M Petrifilm para *E. Coli* y coliformes. Sin embargo, necesitará una incubadora. Las placas Petrifilm, como las otras, proporcionan resultados en 24 a 48 horas, y vienen listas para la muestra. El proceso de tres pasos es: inocular, incubar e interpretar.

Turbiedad

La turbiedad del agua es causada por el sedimento suspendido que está en el agua. (Para obtener información sobre la eliminación de sedimentos en el agua, consulte el Capítulo 2).

La turbiedad se puede determinar utilizando un medidor portátil de unidades de turbiedad nefelométrica (NTU), que se vende en Amazon.com y en otros lugares.

Medición de pH

El pH varía de 0 a 14 y es una medida de la concentración de iones de hidrógeno. Es una medida de acidez o alcalinidad en agua y otros fluidos. Un pH inferior a 7,0 es una indicación de acidez, mientras que un pH superior a 7,0 es una medida de alcalinidad. El pH ideal del agua es de 7,0.

El nivel de pH del agua se puede medir con un medidor de pH portátil, que está disponible en línea.

Capítulo 9
BOMBAS Y ENERGÍA.

"El agua es el problema de recursos más crítico de nuestra vida y la vida de nuestros hijos. La salud de nuestras aguas es la medida principal de cómo vivimos en la tierra".

-Luna Leopold

Para aquellos de nosotros que vivimos en el mundo desarrollado, generalmente damos por sentado nuestro acceso a la energía a través de la red eléctrica. Sin embargo, en los países en desarrollo, la energía eléctrica a menudo no está disponible o es excesivamente costosa.

Alrededor del 16% de la población mundial vive sin electricidad (aproximadamente 1.200 millones de personas). La mayoría de estas escaseces ocurren en África subsahariana y Asia.

Por ejemplo, en Kenia, solo el 5% de las áreas urbanas y el 1% de las regiones rurales tienen acceso a la energía eléctrica. Un ejemplo de esta realidad es el edificio gubernamental de 14 pisos que existe en Kisumu, una ciudad en el oeste de Kenia, que no tiene ascensores instalados debido a la falta de energía eléctrica disponible para operarlos.

El lugar donde se va a consumir el agua se conoce como el Punto de uso (POU por sus siglas en inglés). Para muchos sitios de POU en países en desarrollo, generalmente no hay electricidad disponible de una red local o regional. Por lo tanto, la mayoría de estos sistemas de suministro de agua obtienen su energía eléctrica de paneles solares fotovoltaicos o de un pequeño motor de gasolina.

La energía que se requiere para bombear agua de un lago, reservorio, arroyo u otra fuente de agua subterránea, que necesita ser transportada desde una elevación más baja a una elevación más alta, es típicamente alimentada por energía eléctrica solar o un pequeño motor de gasolina o diesel.

BOMBAS

BOMBAS CENTRÍFUGAS

Las bombas centrífugas tienen muchas aplicaciones y se usan comúnmente en todo el mundo para bombear agua desde una elevación más baja, como un pozo, lago, embalse, río o arroyo a una elevación más alta, que generalmente es un tanque en una torre elevada.

La clara ventaja de las bombas centrífugas es su alto caudal y su capacidad de elevar el agua a grandes alturas. También cuentan con un suministro constante y un flujo uniforme, y la flexibilidad para montarse vertical u horizontalmente.

En la mayoría de los sitios de los países en desarrollo, la elevación máxima de la bomba sería desde un pozo hasta un tanque elevado. Esto estaría en el rango de 30 a 60 metros.

La fuente del agua también puede ser un lago o reservorio, donde se bombea a un tanque elevado en un terreno que está a varios metros sobre el lago o reservorio.

Una bomba centrífuga, como la mayoría de las bombas, convierte la energía rotacional en un fluido en movimiento (agua, en nuestro caso). El fluido ingresa a través del ojo de la carcasa, queda atrapado en las hélices del impulsor y gira de forma tangencial y radial hacia afuera, hasta que sale a través de todas las partes circunferenciales del impulsor hacia la parte difusora de la carcasa.

Simplemente, la bomba envía el agua de manera confiable y constante hacia arriba a una elevación más alta.

El primer paso, basado en la elevación requerida del agua, es determinar el tamaño o potencia de la bomba centrífuga necesaria.

Una vez que se sepa la potencia requerida por la bomba en su situación particular, estará listo para determinar la cantidad de energía solar o el tamaño del generador eléctrico. Ese generador generalmente es impulsado por un pequeño motor diesel o de gasolina. *(Ver Apéndice II.)*

Ventajas de las bombas centrífugas

1. Son versátiles, ya que se pueden usar en muchas aplicaciones.
2. Pueden elevar agua y otros fluidos desde grandes profundidades hasta grandes alturas.
3. Están disponibles en muchos tamaños.

Desventajas de las bombas centrífugas

1. Necesitan una fuente de electricidad, como una red eléctrica, energía solar o eólica, o un motor de gasolina o diesel.
2. No pueden bombear agua que contiene una cantidad significativa de sedimento suspendido.

Bombeo de agua con aire comprimido (también conocido como "Bombeo aéreo")

El agua también se puede bombear desde un pozo utilizando aire comprimido. El concepto es bastante simple. El aire que baja por el pozo fluye desde un compresor a través de una pequeña tubería de ½ pulgada (1,27 cm), que está adyacente a una tubería más grande de 1½ pulgada (3,81 cm).

La tubería más grande está abierta en la parte inferior, y el aire se dirige hacia ella desde la tubería más pequeña. La mezcla de aire y agua hace que el agua salga de la tubería grande en la superficie. El siguiente enlace ofrece un ejemplo de diseño:

Ventajas de una bomba neumática

https://www.brighthubengineering.com/hydraulics-civil-engineering/44598-learn-about-air-lift-pumps/

- Es muy confiable y no tiene partes móviles en comparación con una bomba centrífuga. Sin embargo, la presión del aire debe ser mayor que la presión del agua en el fondo del pozo.
- El agua no está en contacto con ninguna parte móvil; por lo tanto, no es un problema si el agua del pozo contiene sedimentos suspendidos.
- Es capaz de manejar barro, arena y agua arenosa.
- Levanta más agua a través de un pozo de un diámetro dado que cualquier otro tipo de bomba.

Desventajas de una bomba neumática

- El compresor de aire necesita una fuente de electricidad para funcionar. Esto puede ser costoso.
- Como la succión es limitada, la bomba de aire es indicada si la distancia a la capa freática le es relativamente corta, de siete a ocho metros o menos.
- Alcanza solo un 20% a 30% de eficiencia operativa en comparación con el gasto de energía en la compresión de aire.

La bomba de cuerda

La bomba de cable es un sistema simple que consiste en un cable continuo ensartado entre dos poleas. Una polea se

Un niño africano usa una bomba de cuerda.

sumerge en el agua del pozo, mientras que la otra se sienta en la superficie. La cuerda tiene pequeñas cubetas amarradas, por lo que cuando la cuerda se gira a mano, las cubetas recogen el agua del pozo y la llevan a la superficie, donde el agua se descarga en un canal o en cualquier recipiente de agua.

Las bombas de cuerda son fáciles de construir y mantener y son uno de los medios más económicos para levantar agua. Son, por lo tanto, ideales para los países en desarrollo.

Las ventajas de las bombas de cuerda son:

- Fácil de hacer.
- Alta eficiencia.
- No hay necesidad de una amplia capacitación o manuales.
- Producido con habilidades y materiales locales.

En cuanto a las desventajas: Particularmente de pozos profundos, toma algo de tiempo antes de que la bomba de

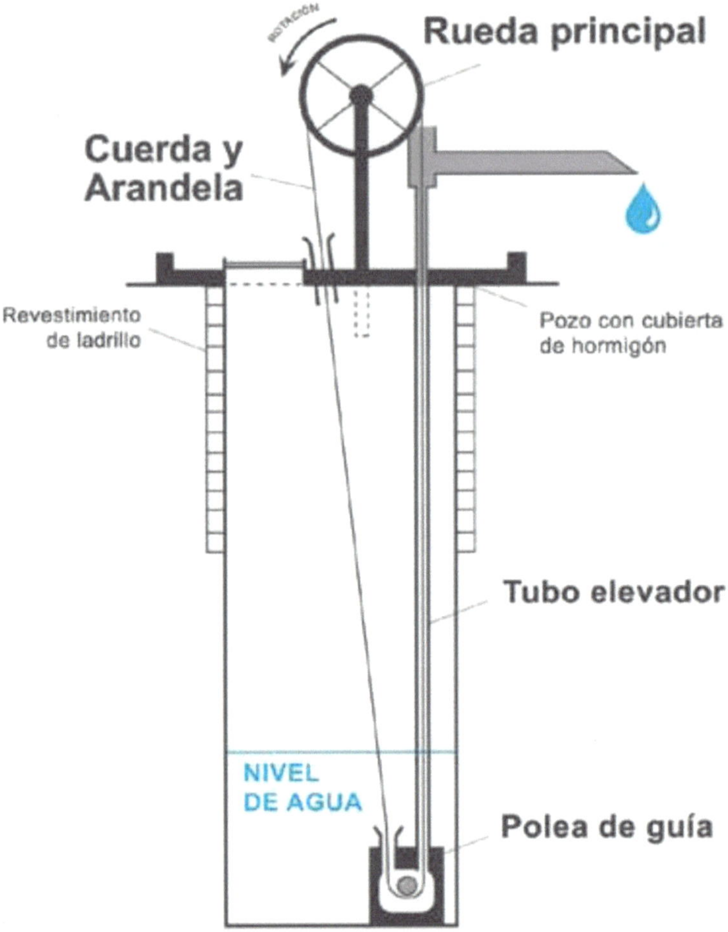

Dibujo de una bomba de cuerda.

cuerda comience a funcionar. (Cuando no está en uso, el nivel de agua en la bomba vuelve al nivel del pozo).

La bomba de mano

Las bombas manuales son un medio confiable para llevar agua a la superficie de un pozo. Se pueden usar para pozos de hasta 100 metros de profundidad. La ventaja es que son confiables, no usan electricidad y son relativamente económicas.

Numerosas bombas manuales están disponibles para su compra en muchos lugares de países desarrollados.

ENERGÍA

ENERGÍA SOLAR

La energía solar se puede utilizar para alimentar una bomba centrífuga que se encuentra en un lago, depósito o pozo. La electricidad solar se suministra desde una variedad de paneles fotovoltaicos. La cantidad de paneles fotovoltaicos requeridos depende de la cantidad de electricidad requerida, que a su vez depende de la potencia requerida por la bomba que se utiliza.

Los paneles solares fotovoltaicos están disponibles en Amazon.com y otros sitios web, desde $ 140 USD por un panel de 100 vatios hasta $ 567 USD por un panel de 400 vatios.

Por ejemplo, un motor eléctrico de 746 vatios (un caballo de fuerza) requeriría dos paneles fotovoltaicos de 400 vatios a un costo de alrededor de $ 1.134 USD.

GENERADORES ELÉCTRICOS IMPULSADOS POR MOTORES DE GASOLINA O DIESEL

Si la red eléctrica o la energía solar no están disponibles, otra opción es un generador eléctrico que generalmente funciona con un motor de gasolina o diesel.

Una clara ventaja es que es un sistema portátil que se puede mover de una ubicación a otra. La desventaja de este enfoque es que el combustible debe estar disponible y hay que comprarlo. Sin embargo, estos generadores pueden ser caros. Un generador eléctrico de gasolina de 1200 vatios Yamaha cuesta $ 1.547 USD.

CAPÍTULO 10

SANEAMIENTO.

"No venceremos a ninguna de las enfermedades infecciosas que afectan al mundo en desarrollo hasta que también hayamos ganado la batalla por el agua potable, el saneamiento y la atención básica de salud".

-Kofi Annan

PODER ASEGURAR QUE todos tengan acceso a un baño es el Objetivo 6 de los Objetivos de Desarrollo Sustentable de las Naciones Unidas: "Para el año 2030, lograr el acceso a saneamiento e higiene adecuados para todos y poner fin a defecar al aire libre, prestando especial atención a las necesidades de las mujeres y las niñas y las personas especialmente vulnerables".

El saneamiento está proporcionando instalaciones para la eliminación de desechos humanos. Ofrecer saneamiento adecuado a un hogar, aldea, escuela, etc. es una tarea difícil y desafiante. Las instalaciones de saneamiento adecuadas promueven la buena salud porque permiten que las personas eliminen sus desechos de manera adecuada. Sin ella, los patógenos y las enfermedades prosperan.

Además, la instalación de baños y letrinas puede permitir que los alumnos, en particular las niñas que menstrúan permanezcan en la escuela.

Según la OMS y UNICEF, el número de personas en el mundo sin saneamiento adecuado, ni siquiera un inodoro, se estima en 2.300 millones. Aquellos sin un saneamiento adecuado son relegados para realizar defecación al aire libre en áreas que pueden no ser seguras.

Estos mismos informes encontraron que en 2015 solo el 68% de la población mundial usaba instalaciones de saneamiento mejoradas, con África subsahariana y Asia meridional en solo el 30% y 47%, respectivamente.

Alrededor del 14% de la población mundial vive sin ningún tipo de saneamiento y practica la defecación al aire libre en los arbustos o en un campo. Cinco países representan el 75% de la defecación al aire libre: India, Indonesia, Nigeria, Etiopía y Pakistán, según lo informado por UNICEF.

Solamente el 30% del mundo usa papel higiénico, nos dice UNICEF, lo que lleva a la propagación de bacterias y enfermedades. Las alternativas más comunes al papel higiénico incluyen manos, agua, arena, rocas pequeñas, barro, hojas, sogas y algas.

Brindar un saneamiento adecuado reduce en gran medida la propagación de enfermedades, generalmente por moscas que viajan de las heces abiertas a las fuentes abiertas de alimentos. Sigue siendo un desafío para gran parte del mundo, y la falta de saneamiento es una línea divisoria clara entre la pobreza y una existencia digna y de calidad.

Letrinas de pozo ventiladas.

Un baño típico en el mundo en desarrollo es un cobertizo en la parte posterior de una propiedad con paredes de bloques de hormigón y una puerta y techo de metal. Muy a menudo es una letrina o un agujero en el suelo rodeado de concreto. La gente se sienta en cajas improvisadas con un agujero o se ve obligada a ponerse en cuclillas. Si hay un sistema de descarga, generalmente es un cucharón y un balde de agua.

Las instalaciones de saneamiento mejoradas son aquellas que aseguran la separación de los desechos humanos del contacto humano e incluyen sistemas de alcantarillado por tuberías, tanques sépticos y letrinas de pozo, así como letrinas de pozo mejoradas ventiladas (VIP), letrinas de pozo con losas y baños de compostaje.

La Fundación Gates ha hecho del saneamiento una prioridad a través de su Reinvent the Toilet Challenge (RTTC por sus siglas en inglés). Lanzado en 2011, el programa de Agua, Saneamiento e Higiene de la Fundación Gates inició el programa para brindar soluciones de saneamiento sostenibles a los 2.300 millones de personas en todo el mundo que no tienen acceso a un saneamiento seguro y asequible. Para más información, visite www.gatesfoundation.org

Se han otorgado subvenciones a investigadores de todo el mundo que utilizan enfoques innovadores, basados en procesos de ingeniería fundamentales, para la gestión segura y sostenible de los desechos humanos.

Además de las subvenciones RTTC, la fundación realizó una serie de otras inversiones que están alineadas con la reinvención del inodoro, con el objetivo de crear un inodoro que:

- Elimine los gérmenes de los desechos humanos y recupere recursos valiosos, como energía, agua limpia y nutrientes.
- Opere fuera de la red sin conexiones a agua, alcantarillado o líneas eléctricas.
- Cueste menos de $ 0,05 USD por usuario por día.

- Promueva servicios de sanidad y empresas económicamente rentables que operan en entornos urbanos y pobres.
- Es un producto verdaderamente aspiracional de próxima generación que todos querrán usar, tanto en países desarrollados como en desarrollo.

Soluciones

Hay muchas soluciones económicas, simples y adecuadas para el enigma de saneamiento de la nación en desarrollo.

Proyecto de diseño de inodoros de fosa del Cuerpo de Paz

Los voluntarios del Cuerpo de Paz han presentado cinco ejemplos de proyectos en todo el mundo que se centran en la construcción de letrinas y el acceso seguro al agua. https://www.peacecorps.gov

El inodoro de fosa

El inodoro de fosa puede ser un simple agujero en el suelo o uno en el que el agujero está cubierto con un pequeño refugio con una puerta. Estas instalaciones se pueden mejorar agregando un asiento en cuclillas, una losa de concreto y un tubo de ventilación, lo que reduce en gran medida el olor.

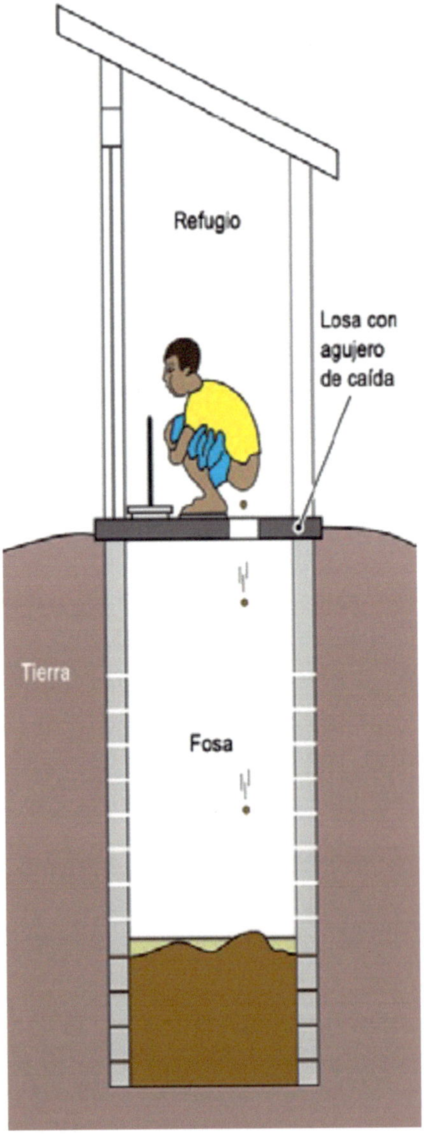

Demostración de un baño de pozo.

Hay varios sitios web que son instructivos para el diseño de un inodoro de pozo. Un ejemplo se puede ver en este enlace: http://www.clean-water-for-laymen.com/pit-latrine.html

Sin embargo, aunque la ONU ha considerado que el saneamiento y el agua limpia son un derecho humano, con demasiada frecuencia los inodoros y las letrinas se limpian a mano (si es que se limpian) por trabajadores que usan cubetas sucias y bidones de aceite para extraer las aguas residuales y su contenido se deposita en un río, lo que a menudo conduce a una infestación bacteriana y diarrea aguda.

El inodoro EcoSan (compostaje)

El saneamiento ecológico (EcoSan) es un diseño que presenta el compostaje del material de desecho. Es un inodoro seco, ya que no se necesita agua para descargar el material de desecho. Algunos inodoros de compostaje incluyen sistemas de desviación de orina en la taza del inodoro para recolectar la orina por separado y controlar el exceso de humedad. Esto disminuye el tiempo requerido para secar los materiales de compostaje.

Una serie de cinco inodoros de compostaje EcoSan en la isla de Remba, Kenia.

El eco-sanitario es particularmente adecuado para zonas con reservas limitadas de agua o un alto nivel freático en donde el agua subterránea puede contaminarse o donde el suelo rocoso prohíbe la excavación de un pozo para la letrina.

Cuando el pozo de un inodoro EcoSan se llena, se cierra y se sella. Después de ocho o nueve meses, las heces están

Figura 1: Características del inodoro ECOSAN: tipo seco con juego de fosas gemelas

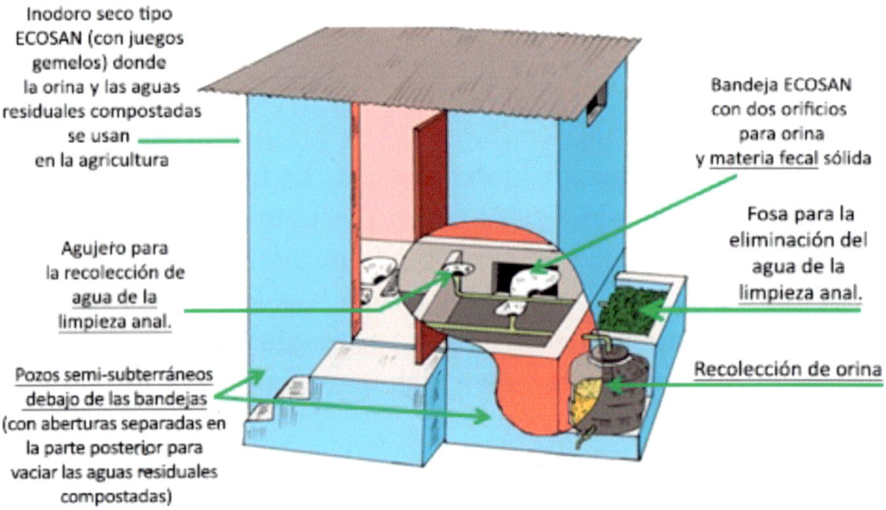

Una descripción del inodoro EcoSan.

completamente compostadas y convertidas en materia orgánica. Una vez que se ha secado, el residuo puede reciclarse en los jardines de un pueblo para enriquecer el suelo.

Como parte de muchos diseños de inodoros de compostaje, se agregan aditivos de carbono, como aserrín, coco o turba después de cada uso. Esto crea bolsas de aire en la excreta humana para promover la descomposición aeróbica. También mejora la relación carbono-nitrógeno y reduce el olor potencial.

Los inodoros EcoSan no requieren conexión a un tanque séptico o sistema de alcantarillado, a diferencia de los inodoros.

Sin embargo, puede haber resistencia cultural en el uso de este inodoro. A menudo, hay que hacer demostraciones en los pueblos para lograr la aceptación de la tecnología. Puede encontrar una discusión muy completa sobre los inodoros EcoSan en el siguiente enlace:

https://greywateraction.org/composting-toilets/

Un baño del siglo XV en Bayeau, Francia (a la izquierda).

El saneamiento en general es un término integral que significa más que solo inodoros. También puede entenderse que significa intervenciones que reducen la exposición humana a enfermedades, al proporcionar un ambiente limpio en el que vivir. Fusiona comportamientos e instalaciones que trabajan juntas para formar un espacio de vida higiénica.

Capítulo 11
HIGIENE

"El jabón, el agua y el sentido común son los mejores desinfectantes".

-William Osler

La última letra del acrónimo WASH es higiene, que se refiere al comportamiento que conduce a una buena salud y limpieza. Para los países en desarrollo, se trata de lavarse las manos.

Numerosos estudios han demostrado que el simple acto de lavarse las manos después de usar el baño y cambiar pañales, antes de cocinar y comer, tiene un impacto significativo en la salud de las personas, las escuelas y las aldeas. El lavado de manos adecuado puede prevenir la aparición y propagación de infecciones y enfermedades e incluso la muerte.

De hecho, algo tan simple como lavarse las manos con jabón puede salvar vidas. Una buena higiene puede reducir la incidencia de enfermedades como neumonía, tracoma, sarna, infecciones de la piel y los ojos y afecciones relacionadas con la diarrea, como el cólera y la disentería.

La mayoría de las enfermedades diarreicas se transmiten por contacto de persona a persona o por vías fecales-orales en muchos, si no en la mayoría de los casos, por medio de manos contaminadas. El lavado de manos es parte integral de la prevención de enfermedades en todas partes del mundo. Es por esto que la falta de acceso al jabón y al agua limpia en los países en desarrollo es lo que más afecta el bienestar.

Las intervenciones efectivas de lavado de manos implican educación y promoción de cambios de comportamiento a largo plazo, tanto social como culturalmente. Tener un hábito regular de lavado de manos es igualmente importante para quienes trabajan en torno a los alimentos, en particular el manejo de carnes crudas.

¿Por qué es tan importante lavarse las manos? Estos datos de los Centros para el Control y la Prevención de Enfermedades (CDC) ayudarán a enfocarlo más claramente:

- Un solo gramo de heces humanas, que es aproximadamente el peso de una uña humana, puede contener un *billón* de gérmenes (eso es un millón de millones). El término "gérmenes" es un término general y se refiere a bacterias, virus, hongos o protozoos.
- El lavado de manos inadecuado después de defecar o después de toser o estornudar, puede provocar la

Los niños lavan los platos y practican la higiene.

transferencia posterior de gérmenes al tocar manijas de las puertas, sillas, pasamanos, mesas, bolígrafos o teléfonos celulares, contaminando así estas superficies.

- Las personas se tocan los ojos, la nariz y la boca sin siquiera darse cuenta.
- Los gérmenes pueden entrar en nuestra propia comida y bebida si la tocamos con las manos infectadas.
- La prevención de enfermedades reduce la cantidad de antibióticos que usan las personas y la probabilidad de que se desarrolle resistencia a estos antibióticos. El lavado de manos puede prevenir aproximadamente el 30% de las enfermedades relacionadas con la diarrea y aproximadamente el 20% de las infecciones respiratorias (por ejemplo, resfriados).

De hecho, los antibióticos a menudo se recetan innecesariamente para estos problemas de salud. Reducir la cantidad de estas infecciones al lavarse las manos con frecuencia ayuda a prevenir el uso excesivo de antibióticos, el factor más importante que conduce a la resistencia a los antibióticos en todo el mundo. El lavado de manos también puede evitar que las personas se enfermen de gérmenes que ya son resistentes a los antibióticos y que pueden ser difíciles de tratar.

También debe tenerse en cuenta que, cuando es posible, el uso de agua semi-caliente o caliente en el proceso de lavado de manos mata los gérmenes de manera más efectiva que el agua tibia o fría. Dicho esto, el acceso a agua limpia, tibia o caliente a menudo es imposible, y lavar con jabón y agua a cualquier temperatura es mucho mejor que no lavar.

Sin embargo, lograr un lavado de manos efectivo requiere agua limpia y jabón, lo cual no es poca cosa en los países en desarrollo.

En todos los casos, pasar unos segundos en el fregadero (o Tippy Tap) evitan días, semanas o meses de sufrimiento.

Los niños se alinearon para lavarse las manos en un Tippy Tap.

Tippy Tap

http://www.tippytap.org/the-tippy-tap

Un enfoque innovador es el dispositivo Tippy Tap. El Tippy Tap consiste en un mecanismo similar a un caballete, que contiene un recipiente de 3,8 litros de agua limpia. El recipiente está unido a un pedal a través de una cuerda. Cuando el pedal se comprime con el pie, la botella se inclina hacia adelante permitiendo que salga una pequeña cantidad de agua.

El jabón está sujeto con una cuerda al caballete. Usando el jabón y el agua, una persona puede lavarse las manos fácilmente.

Cómo construir tu propio Tippy Tap:

- Consiga un par de palos bifurcados de 2 metros y un par de palos rectos de 1 metro.
- Consiga un pico y una pala.
- Obtenga un contenedor de agua y algo de grava.
- Consiga una pastilla de jabón, un poco de cuerda o soga fina, un clavo y una vela.
- Cave dos agujeros de 46 cm (18 pulgadas) de profundidad y 61 cm (2 pies) de distancia.

- Coloque los palos bifurcados para asegurarse de que estén nivelados.
- Llene los agujeros con tierra y rocas y empaque bien.
- Caliente el clavo y coloque agujeros en el recipiente de agua.
- Haga un agujero en el jabón y pase la cuerda a través de este agujero.
- Cuelgue el recipiente y el jabón y llene el recipiente con agua limpia.
- Amarre la cuerda a un palo recto en la parte inferior para que actúe como una palanca.
- Use la grava como cuenca para capturar agua.

El Tippy Tap es un dispositivo efectivo y económico que, si se coloca estratégicamente en un área donde se puede usar convenientemente, puede ser valioso para que muchos usuarios se laven las manos regularmente. Sin embargo, en un entorno donde las personas no están acostumbradas al lavado de manos, se requiere una curva de aprendizaje sobre cómo lavarse las manos adecuadamente, lo que necesita un cambio de cultura.

Tampoco hay desperdicio con un Tippy Tap. El exceso de agua regresa al suelo para regar las plantas cercanas. Y solo se requieren 40 ml para lavarse las manos con jabón. Además, el diseño a manos libres evita que las bacterias pasen de un usuario a otro.

Además del Tippy Tap, la promoción de los beneficios y la necesidad de lavarse las manos debe enfatizarse regularmente en los países en desarrollo. El lavado diario supervisado de manos en las escuelas puede ser una estrategia efectiva para desarrollar buenos hábitos de higiene.

Una nación donde esto se ha implementado efectivamente es Filipinas, que ha encontrado un gran éxito con su Programa Essential Health Care. La desparasitación dos veces al año, complementada por lavarse las manos diariamente con jabón y cepillarse los dientes diariamente con flúor, es el núcleo del plan nacional. También se ha empleado con éxito en Indonesia.

Capítulo 12
ASUNTOS CULTURALES

"Si realmente quieres entender algo, trata de cambiarlo".

-Kurt Lewin

Este capítulo está diseñado para explorar las formas en que los asuntos culturales pueden disuadir a las personas de usar agua filtrada, grifos e inodoros para su beneficio sanitario.

En muchas de las culturas en los países en desarrollo, la falta de prácticas de agua sanitaria e higiénica se extiende más allá de los límites de la simple ignorancia o la escasez de recursos. De hecho, a menudo son el resultado de barreras socioculturales de mucho tiempo específicas de varias regiones.

Es importante comprender lo que implican estas tradiciones y creencias culturales para promover de manera más efectiva el uso de agua limpia y saneamiento.

Defecación al aire libre

En el libro de 2017 *Where India Goes: Abandoned Toilets, Stunted Development, and the Costs of Caste* por Diane Coffey y Dean Spears: Los autores explicaron que las identidades de casta y las nociones de pureza ritual juegan un papel importante en la prevalencia de la defecación al aire libre.

Estos sistemas de creencias sostienen que defecar en la proximidad de un hogar, incluso en un baño, es impuro. Por

Orinales públicos en la India.

el contrario, las soluciones sanitarias más instaladas por el gobierno indio, como las letrinas de doble pozo y los inodoros, a menudo permanecen sin usar.

Por ejemplo, en India o África subsahariana, el peligro para la salud de la defecación al aire libre (también discutido en el Capítulo 10) continúa siendo un problema. Esta es la práctica humana de defecar afuera en un ambiente abierto en lugar de hacerlo en un baño. Recientemente, en 2016, se estimó que 2.300 millones de personas, o alrededor del 30% de la población mundial, participaron en esta práctica. Más de quinientos millones de ellos residen solo en India.

Tan importante es el impulso para un mejor saneamiento en la India que el gobierno ha promulgado un eslogan pegadizo, "Inodoros antes que los templos".

La práctica adquiere un significado diferente para mujeres y niñas. Cada vez más de ellas buscan un lugar privado para orinar o defecar por razones de pudor y dignidad, y en una encuesta el 94% de ellas dijeron que habían experimentado violencia o acoso al buscar un lugar privado para orinar o defecar. Más de un tercio dijo que habían sido agredidas físicamente.

Sin embargo, en muchas áreas del África occidental rural, la práctica de la defecación al aire libre está ritualizada y llena de tradición como norma social. Su desenfreno en la India rural se atribuye típicamente a la pobreza, la falta de acceso al agua y la gobernanza limitada, entre otros factores.

Un estudio de África occidental realizado por WaterAid (www.WaterAid.org), una ONG con sede en Londres, identificó varios factores socioculturales que impiden la eliminación de la defecación al aire libre en Mali, Burkina Faso, Ghana y Nigeria.

Estos incluyen:

- **Vergüenza:** En algunas comunidades de Burkina Faso y Mali, la gente se avergüenza de que la vean caminando en dirección a una letrina o baño, incluso por parte de sus cónyuges e hijos. La mayoría evita caminar directamente hacia los baños y cree que defecar en la selva ofrece mucha más privacidad.
- **Olor:** Existe la creencia de que la defecación al aire libre elimina la posibilidad de oler desagradable.
- **Estado social:** En Burkina Faso en particular, existe el estigma de que las letrinas son solo para los ricos.
- **Mal:** En Ghana, es el miedo a ser poseído por demonios o perder sus poderes mágicos lo que conduce al deseo de defecar abiertamente. Muchos creen que los baños públicos están rodeados de espíritus malignos y que deben evitarse.
- **Prácticas ancestrales:** En Mali y Nigeria, muchas personas se niegan a defecar en cualquier tipo de área cerrada, porque va en contra de la práctica transmitida de generación en generación. Defecar al aire libre también se considera menos desagradable en términos de olor que en un edificio confinado.

Una reunión comunitaria en Yuncaypata, Perú.

Agua limpia

Por lo tanto, incluso cuando hay menos pobreza y hay agua potable disponible, las actitudes culturales y los hábitos sociales pueden evitar que la gente use agua limpia, lo que conlleva a evitar el uso de la infraestructura que es ampliamente considerada higiénica y sanitaria por los estándares de hoy en día.

Se cree que las soluciones de agua limpia desarrolladas y mantenidas por la propia población local tienen la mejor oportunidad de éxito a largo plazo, para los sistemas de agua y saneamiento y la gestión sostenible de los recursos.

Las prácticas que podemos considerar extrañas a menudo son vistas como la norma, incluso necesarias (de hecho, la manera natural) por las culturas en muchos países en desarrollo. Por ejemplo, un río que vemos fácilmente como sucio e insalubre puede no ser considerado como tal por los lugareños que viven junto a él. Bien podrían haber adoptado la creencia de que esta agua era saludable por sus antepasados, y en realidad este pudo haber sido el caso en aquel tiempo.

En una aldea rural del sur de África, el agua potable se adquiría tradicionalmente en el río. Sin embargo, cuando la industrialización y la descarga de aguas residuales comenzaron a contaminar el río, las enfermedades transmitidas por el agua como la diarrea comenzaron a proliferar.

Para rectificar la situación, una ONG local propuso utilizar filtros de arena para eliminar las toxinas. Sin embargo, lo que la organización no había considerado eran los valores culturales de la comunidad. Estuvieron acostumbrados a beber solo agua corriente porque, según su experiencia, las piscinas estancadas se consideraban insalubres.

Baño en la India.

Debido a que el agua proveniente de un filtro de arena permaneció ahí durante un día mientras se procesaba, los residentes se negaron a consumirla, a pesar de la innegable calidad mejorada del agua.

Respeto por la cultura local

Si algunos de los ideales culturales descritos anteriormente suenan extraños, piense que estos no se consideran peculiares en la nación o región donde se practican.

Por ejemplo, supongamos que usted vivía en un área donde nadie había visto, y mucho menos usado, papel higiénico. Si viniera un extraño a la ciudad promocionando las propiedades sanitarias del papel higiénico, usted podría negarse, ya que ha estado usando hojas de plantas para hacer ese trabajo durante toda su vida, y esto funcionó muy bien.

Lo mismo podría decirse de una amada corriente de agua que ha mantenido a su familia limpia e hidratada durante décadas, sino siglos. Claro, se ha estado enfermando últimamente, pero ¿quién dice que es culpa del agua? Solo porque alguien dice que es la causa, no significa que esto sea convincente.

La conclusión es que la comprensión cultural es clave para cambiar los hábitos de consumo tradicionales del agua. Lo que es extraño para usted es totalmente normal (de hecho, esencial) para otra persona.

La OMS ha declarado además que "las diferencias culturales juegan un papel clave en la forma en que se percibe, valora y gestiona el agua en diferentes sociedades". También promueve la comprensión de que el agua y la cultura "son elementos inseparables de la vida humana" y que la forma en que se utiliza y valora el agua constituye "una parte integral de la identidad cultural de una sociedad".

¿Cómo cambiar estas disparidades culturales? Involucrar a la comunidad desde el comienzo del proyecto es esencial, ya que incluye ambos géneros y una variedad de puntos de vista. Recordarse de favorecer la dignidad de los usuarios es un aspecto importante para respetar las diferencias culturales.

Capítulo 13

COSTOS FINANCIEROS

"El whisky es para beber y el agua es para pelearse por ella".

-Mark Twain

Como hay dos mil millones de personas en el mundo que viven con menos de $ 2 USD por día, los sistemas de agua limpia en los países en desarrollo deben ser muy económicos tanto para construirlos como para mantenerlos.

El costo por día de un sistema de filtración de agua limpia en un país en desarrollo, a menudo se compara con el precio de la leña que se utilizará para el agua hirviendo y la del agua embotellada. El costo de la leña es muy variable, pero gratuito si el recolector está dispuesto a obtenerlo él mismo.

El precio promedio del agua embotellada es de aproximadamente $ 1 USD por litro en la mayoría de los países en desarrollo. Para una familia de cuatro, esto puede ascender a $ 4 USD por día o $ 170 USD por mes. Los diferentes métodos de filtro presentados en el Capítulo 3 son significativamente menos costosos.

Existen problemas de costos, en la mayoría o en todos los sistemas de agua limpia, y estos deben ser pagados por los gobiernos de los países donde se instalan los sistemas, o por las ONG u otros grupos humanitarios de países desarrollados.

Los costos de suministrar agua limpia a una comunidad también son muy variables debido a los muchos factores que analiza este libro. El presupuesto declarado de un gran proyecto también puede incluir saneamiento, salud, educación, eliminación de escombros de la comunidad y otros elementos que dificultan la determinación del costo real de solo suministrar agua limpia.

Pero es importante comprender que, dado que hay cantidades limitadas de dinero disponibles para proyectos humanitarios, obtener el "mayor beneficio por el dinero" es una consideración importante. Es decir, dada una serie de opciones que una ONG podría tener para la cantidad limitada de fondos disponibles, la relación costo/beneficio debería calcularse si los datos están disponibles.

Otro problema es que no existe un parámetro único para establecer el costo de un proyecto de agua para una comunidad. ¿Deberíamos usar los dólares gastados en el sistema de agua por persona o por hogar beneficiado? ¿O deberíamos usar el volumen de agua suministrada por cada persona u hogar?

Algunos pueden argumentar que se requiere un análisis integral del ciclo de vida para el análisis de costos. Este es un método de principio a fin. Incluiría el costo de cada componente, desde su producción inicial, por ejemplo, y la extracción del mineral para los metales hasta el ensamblaje completo del sistema de agua limpia.

Un análisis de costo/beneficio incluiría la mano de obra, que generalmente es una pequeña parte del costo del proyecto. Además, los costos incluirían los filtros, bombas, tuberías, torres, quioscos, etc. y el cargo por transportarlos a los sitios a menudo remotos donde se necesitan. Esto sin mencionar el costo de importarlos al país, que puede ser alto.

Los beneficios a menudo son difíciles de medir, ya que incluyen las mejoras de salud resultantes en la comunidad, como la reducción de enfermedades transmitidas por el agua (por ejemplo, diarrea, cólera y tifoidea) y la mejora económica de la comunidad.

Una vez que se determinan los costos y beneficios, se realiza un análisis basado en una "tasa de descuento adecuada". Para un proyecto de agua limpia en un país en desarrollo, se podría argumentar que, en base a los esfuerzos humanitarios, se aplica una tasa de descuento cero.

Un análisis detallado de beneficios/costos o un análisis del ciclo de vida sería una alternativa viable. Sin embargo, esto raras veces se utilizan para los sistemas de agua que se analizan en este libro.

El problema del costo financiero puede examinarse mejor observando algunos ejemplos, comenzando con aquellos que usan la solución menos costosa y expandiéndose a aquellos que requieren soluciones más costosas.

Los filtros de cerámica son probablemente el filtro y sistema de agua limpia menos costoso que están disponibles para uso común. Potters for Peace y otras ONG tienen instrucciones sobre cómo montar una fábrica de filtros de cerámica. Compro este tipo de filtro en una fábrica cerca de Kisumu, Kenia, por $ 17 USD cada uno. Los precios de otros países varían de $ 7 USD a $ 50 USD.

Otra solución menos costosa para proporcionar agua limpia a los países en desarrollo son los filtros de bioarena. Visité una fábrica de filtros de bioarena en Danli, Honduras, que los fabricaba y vendía por $ 38 USD. Podrían construir ocho filtros por día, y el precio incluía toda la arena y grava tamizadas y lavadas requeridas en los tamaños adecuados.

La ONG Water for Cambodia vende los filtros de bioarena que fabrican a los aldeanos por $ 7 USD, pero están subsidiados. UNICEF está financiando sistemas de agua en Myanmar por $ 1 USD por mes por hogar.

Muchas ONG cavan o perforan pozos, ya que este es un medio relativamente económico para proporcionar agua limpia a los países en desarrollo.

HomeAdvisor afirma que el costo de un pozo de agua en los EE. UU. Varía de $ 1.500 USD a $ 12.000 USD con un costo promedio de $ 5.500 USD por un pozo perforado de 46 metros. https://www.homeadvisor.com/cost/landscape/

Water Wells for Africa (WWFA) afirma que cuesta entre $ 15 USD y $ 30 USD por pie cavar un pozo, y el costo promedio es de $ 8.000 USD para un pozo de agua en África. Este número parece bastante alto, dados los bajos costos laborales en África. También señalan que, si un pozo sirve a 2.000 personas, el costo es de $ 4 USD por persona. https://waterwellsforafrica.org/

Isla Remba

El proyecto de agua limpia de la isla Remba costó $ 165.000 USD. (Ver el Estudio del caso 16-8.) El sistema fue diseñado para atender a las 8.000 a 10.000 personas que viven en la isla y darles 10 litros de agua por día por persona (un total de aproximadamente 100.000 litros/día). Esto tiene un costo inicial de entre $ 16,50 USD y $ 20,63 USD por persona para todo el sistema.

Sin embargo, dado que el sistema fue diseñado para durar al menos 10 años, el costo por litro durante 10 años es de $ 45 USD por día por 100.000 litros por día o $ 0,45 USD por día por los 10 litros requeridos por persona.

Como hay mucha población, es un costo muy pequeño, incluso menos cuando la ONG realmente ha pagado el costo inicial. En este último escenario, el costo por persona por día es infinitamente pequeño, incluso después de incluir posibles reparaciones o productos químicos durante el período de 10 años que se pagarán con la venta de agua a los usuarios.

Otros ejemplos del costo de los sistemas de agua se presentan en Estudios de casos, Capítulo 16.

Capítulo 14

MARKETING

"Los 5 factores básicos del marketing son Producto, Precio, Lugar, Promoción y Gente".

-Urs Heierli

El marketing generalmente se refiere a las actividades realizadas por una empresa u organización, para promover un producto o servicio en un mundo rico en recursos. Una empresa u organización realiza investigaciones y análisis de mercado para comprender qué valoran los clientes potenciales y qué puede motivarlos a comprar y usar un producto en particular. Esto incluye publicidad, venta y entrega de productos a consumidores u otras empresas.

Puede parecer extraño pensar en la "comercialización" en el contexto del agua potable y el saneamiento. ¿No serían valorados y deseados como bienes? Pero, de hecho, muchas soluciones innovadoras que involucran el suministro de agua limpia a las comunidades han fallado porque las personas u organizaciones que lo proporcionaron no tomaron en cuenta los pasos básicos del marketing. Uno de estos implica analizar las creencias culturales que juegan un papel importante en el comienzo de cualquier cambio. Como fue presentado en el Capítulo 12, estas actitudes deben identificarse y entenderse como parte de cualquier análisis de mercado.

En su libro, *Marketing Safe Water Systems*, Urs Heierli describe los siguientes "pecados" de marketing que fueron cometidos por muchas organizaciones o grupos bien intencionados, que intentaban llevar agua limpia y saneamiento a una comunidad en un país en desarrollo y fallaron:

1. **No todo el mundo es igual**. Cada estrategia de marketing comienza con una comprensión profunda de los clientes objetivo. Al comprender las características y ambiciones del cliente, se pueden diseñar estrategias que serán más efectivas para diferentes grupos. Las personas en los países en desarrollo son bastante diferentes entre sí, incluso cuando sus niveles de ingresos son similares.
2. **La gente pobre no merece productos pobres**. El público objetivo puede ver un nuevo sistema de entrega como menos valioso. Si el agua embotellada es una señal de estado, los demás métodos para entregar agua limpia no serán valorados por las personas para quienes están diseñados. La publicidad que incluye testimonios de celebridades refleja la estrategia de asociar un nuevo producto con riqueza y estatus (por ejemplo, agua limpia entregada a través de un filtro en lugar de una botella de plástico). Por ejemplo, el uso de celebridades en la publicidad se ve en muchas campañas de UNICEF.
3. **No vender a los ricos**. Es importante entender que algunos miembros de una comunidad tendrán mayores recursos, y excluirlos de obtener agua limpia es un error fatal. Al incluir a las personas más influyentes, el valor del nuevo sistema se mejora para todos los usuarios.
4. **Falta de cadenas de suministro**. Muchas personas en los países en desarrollo adoptarán el uso de filtros

de agua u otros métodos para obtener agua limpia, pero cuando un eslabón del sistema se rompe, no hay forma de repararlo o reemplazarlo. Se debe desarrollar una cadena de suministro para que las piezas de repuesto o refacción estén disponibles cuando la gente las necesite. Al reconocer la necesidad de una cadena de suministro, se puede identificar a las personas locales que podrían ganarse la vida suministrando productos, repuestos o servicios.

5. **Competencia desleal**. Si ya está surgiendo una cadena de suministro privada, esta debe reconocerse e incorporarse en cualquier cambio. Las organizaciones o grupos internacionales pueden tener una ventaja injusta en los negocios y nunca deberían usar este beneficio para socavar una cadena de suministro emergente en el país objetivo.
6. **No cobrar**. Distribuir algo de forma gratuita sugiere que el bien (i.e, agua limpia o inodoros) no son valiosos e incluso "inútiles". Regalar algo ofende la dignidad de las personas pobres debido a la percepción de que los beneficiarios no pueden pagar nada. Esta práctica puede estar justificada en emergencias, pero no a largo plazo. Los sistemas de precios deben comunicar el valor del nuevo bien.

Este último principio requiere cierta discusión, ya que regalar muestras gratis es una estrategia de marketing común para atraer nuevos clientes y alentar la adopción de un nuevo producto. Inicialmente, las empresas y organizaciones pueden presentar un nuevo producto al proporcionarlo de forma gratuita. Esta práctica es particularmente frecuente en las industrias de alimentos y maquillaje donde se proporcionan muestras, pero también ocurre en los servicios de suscripción con el primer mes "gratuito".

La disponibilidad de agua limpia a menudo está inextricablemente ligada a su comercialización.

Hacer que el producto sea gratuito más allá de un período de introducción inicial puede hacer que los usuarios crean que no vale mucho. Dos psicólogos cognitivos, Amos Tversky y Daniel Kahneman, crearon el campo de la economía del comportamiento y revolucionaron grandes partes de la psicología cognitiva (ver *The Undoing Project de* Michael Lewis: *Una amistad que cambió nuestras mentes* (2017)). Demostraron la diferencia que ocurre en los comportamientos cuando algo se da de forma gratuita versus comprándolo. Por ejemplo, si se entrega un boleto caro para un evento como un regalo en lugar de comprarlo, es menos probable que la persona asista al evento si surgen dificultades (por ejemplo, mal tiempo, un evento competitivo, enfermedad no grave, etc.), aunque el precio del boleto es el mismo en ambos casos.

Tengo experiencia personal con dos de estos ejemplos de regalar dispositivos y sistemas de agua limpia de forma gratuita y las consecuencias resultantes:

- Un miembro Rotario adinerado, dio $ 80.000 USD para abastecer a los habitantes de la isla de Remba, ubicada en el lago Victoria en el oeste de Kenia, con filtros de agua LifeStraw (Ver Capítulo 3.2.). Los filtros se obstruyeron con sedimento en seis meses y los usuarios los tiraron en lugar de lavarlos. En este caso, la capacitación carecía de información sobre cómo dar mantenimiento a los filtros.
- En Yuncaypata, Perú (véase el Estudio de caso 16-1), la ONG Aqua Munda, consede en Berkeley,instaló un complejo sistema de filtro de agua de forma gratuita en este pueblo de 80 familias. Dos años después, durante una visita de seguimiento, la ONG descubrió que la mitad de los filtros no estaban siendo utilizados.

Los destinatarios de diferentes nuevos sistemas de agua limpia deben haber "sudado la gota gorda". Hábitat para la Humanidad, una de las ONG más exitosas del mundo, requiere "participación de trabajo" para los compradores de cada casa que construyen. Es decir, el comprador debe trabajar en la construcción de la casa durante un número mínimo de horas para poder poseerla.

Se han producido errores de marketing con las mejores intenciones y motivación. Sin embargo, se necesita con urgencia un cambio de paradigma entre las organizaciones y agencias sin fines de lucro, desde un enfoque de marketing "top-down" a uno de "bottom-up". Los cambios que incorporan una comprensión del público objetivo y mejoran las cadenas de suministro locales, aumentarán la adaptación de los usuarios previstos y garantizarán la sustentabilidad.

Capítulo 15
SUSTENTABILIDAD

"Una gota de agua, si pudiera escribir su propia historia, nos explicaría el universo".

-Lucy Larcom

Hay muchas definiciones de sustentabilidad, principalmente en relación con el no agotamiento de los recursos y el ahorro del medio ambiente para las generaciones futuras. Otras definiciones abordan la conservación de la energía, la equidad social y el desarrollo económico.

Sin embargo, para un sistema de agua limpia que se ha instalado en un país en desarrollo, la definición más relevante es que el sistema que proporciona el agua continúe funcionando de manera eficiente durante el mayor tiempo posible: años, si no décadas.

Esta es a menudo una tarea difícil, ya que en muchas áreas de países desarrollados las personas tienen conocimientos técnicos, habilidades y muchas de las herramientas necesarias para el mantenimiento a largo plazo de un sistema de agua. O confían en la experiencia de las ONG para sustentar estos sistemas.

En consecuencia, la historia de los sistemas de agua limpia instalados con entusiasmo y experiencia técnica está llena de fallas.

Las cuatro razones principales de estas fallas son:

1. **Fracaso de la comunidad en cuanto a tomar posesión del sistema de agua**. Es necesario un comité comunitario de WASH (agua, saneamiento e higiene), que incluya hombres, mujeres y, si están disponibles, personas con algún grado de experiencia sobre el mantenimiento y reparación del sistema. Este comité de WASH estaría a cargo de toda la operación y mantenimiento del sistema de agua.
2. **No capacitar adecuadamente a quienes usan el sistema de agua**. Todos los sistemas de agua limpia tienen requisitos específicos que deben cumplirse para garantizar su durabilidad. Probablemente la causa número uno de falla de los sistemas de agua limpia es la falta de capacitación brindada al usuario. Es especialmente importante capacitar al comité WASH local en los detalles del uso y mantenimiento del sistema de agua limpia.

Los niños etíopes relatan una verdad simple.

3. **Fracaso en cambiar el comportamiento cultural de los usuarios**. Algunas personas están acostumbradas al sabor de su suministro de agua, aunque esté contaminada. Un ingeniero de la India que trabajaba en los Estados Unidos me dijo una vez que le encantaba el sabor del agua del arroyo local cuando regresó a visitar su pueblo natal, a pesar de que sabía que contenía contaminantes.

Otro ejemplo de la resistencia al cambio son las historias de mujeres a las que se les exigía caminar varios kilómetros a las afueras de su aldea todos los días para obtener agua de un pozo distante. Se resistieron a que excavaran un pozo en el centro de su pueblo porque veían que la caminata hacia el viejo pozo era la única oportunidad que tenían para socializar con sus amigas.

El desafío de cambiar un hábito o creencia es un tema que ha intrigado a académicos y otras personas durante décadas, y que discutimos en mayor detalle en el Capítulo 12: Cuestiones culturales.

El Dr. Kurt Lewin, cuyos libros y publicaciones sobre la teoría del cambio se convirtieron en el estándar de oro para implementar cambios en organizaciones y grupos, tenía numerosas recomendaciones para reducir la resistencia natural que cualquier cambio anticipado puede provocar.

Por ejemplo, Lewin enfatizó que para que el cambio sea efectivo, debe tener lugar a nivel grupal. Recomendó que los líderes informales sean identificados y, siempre que sea posible, sirvan como agentes del cambio. Para reducir la ansiedad a menudo experimentada con el cambio, recomendó que el cambio se realice inicialmente como un "piloto" y que la adopción dependa del apoyo del grupo después de un tiempo acordado.

https://en.wikipedia.org/wiki/Kurt_Lewin

4. **No proporcionar fondos para la operación y mantenimiento del sistema de agua**. Por lo general, hay fondos disponibles para construir un sistema, pero una vez que se construye, no hay fondos disponibles para mantenerlo en operación. La falla de una bomba puede simplemente requerir el reemplazo de una pequeña pieza, pero obtener la pieza será difícil sin fondos.

Algunas soluciones:

1. Ahora hay alrededor de 4.700 millones de teléfonos móviles en todo el mundo. Este número significa que aproximadamente el 60% de la población mundial tiene acceso a un teléfono celular. Si hubiera un comité de WASH en el lugar de suministro de agua limpia y uno de los miembros tuviera acceso a un teléfono móvil, esa persona podría conectarse con alguien con la experiencia técnica para solucionar el problema.
2. La sustentabilidad como objetivo principal de cada proyecto debe incluirse en la propuesta del proyecto.
3. El fabricante danés de bombas Grundfos (www.Grundfos.com) proporciona acceso sustentable al agua para las comunidades rurales y periurbanas del mundo en desarrollo.

A través de un enfoque holístico del suministro de agua, Grundfos tiene como objetivo proporcionar a los clientes un nuevo nivel de confiabilidad, combinando la innovación en la tecnología de bombas con la recaudación de ingresos, la gestión del agua y una red de socios de servicio Grundfos preparados para atender las necesidades operativas a medida que surjan.

La compañía ofrece cuatro dimensiones de sustentabilidad: La *técnica* (a través de monitoreo remoto y servicio técnico y soporte), la *financiera* (a través de un sistema de gestión de ingresos automático y transparente); la *ambiental* (a través del uso de energías renovables y una mejor gestión del agua); y la *social* (a través del acceso confiable al agua potable).

Capítulo 16

ESTUDIOS DE CASOS

El formato para los dieciséis estudios de casos presentados en este capítulo es, primero, una descripción de la organización, seguida de uno o más de los estudios. Las organizaciones se presentan en orden alfabético.

CAPÍTULO 16-1

Agua Munda, LLC

https://www.aguamunda.com/

Agua Munda, LLC (Limited Liability Corporation) es una ONG con sede en Berkeley, California, que es propiedad y está operada por Dean y Martha Rutherford. Se formó en 2015.

Agua Munda ha instalado sus filtros de membrana exclusivos (consulte las descripciones a continuación) en Perú, Ecuador, Puerto Rico, México, Honduras, India y Kenia. Han brindado ayuda por desastres en Ecuador, Puerto Rico y México. Hay 14 aldeas en las montañas que rodean Cusco, Perú, y Agua Munda ha instalado sistemas de agua limpia en cuatro de ellas. Con financiamiento futuro, planean suministrar agua limpia a las 10 aldeas restantes.

Entre otros logros, Agua Munda recibió el patrocinio y el respaldo de la actriz Rita Moreno, cuya donación trajo muchos de sus filtros a Humacao, Puerto Rico, y las áreas circundantes después de la devastación del huracán María.

Productos

Dean Rutherford ha diseñado y construido cuatro sistemas únicos de filtro de agua limpia:

Al lado de un filtro de agua Condor en Perú.

El Filtro Cóndor

El Filtro Cóndor es un filtro de agua de 121 litros que puede suministrar agua limpia a un caudal inusualmente alto de 15 litros por minuto. Ubicado horizontalmente en la parte inferior del contenedor del filtro hay un filtro de membrana de fibra hueca de 0,10 micras que, con el mantenimiento adecuado, debe durar 10 años. El filtro de membrana hueca contiene cientos de tubos microscópicos, que se agrupan para formar una matriz de filtro.

Esta membrana de fibra hueca ha sido probada en laboratorio para eliminar el 99,9999% de los patógenos bacterianos y protozoarios. El Cóndor es ligero, portátil y no requiere electricidad. Una característica única de este método es su sistema de retrolavado incorporado. El filtro de membrana se puede lavar sin tener que sacarlo del recipiente. El Filtro Cóndor se vende por $ 499 USD. El llenador automático superior cuesta unos $ 160 USD adicionales.

El Filtro Condorcito

El Sistema de Filtro Condorcito es similar al Filtro Cóndor. Tiene las mismas características y la misma velocidad de flujo que el Sistema de Filtro Cóndor, excepto que está en un recipiente más pequeño (76 litros). El Filtro Condorcito se vende por $ 489 USD.

El Filtro Eagle

El Sistema de Filtro Eagle es idéntico y tiene las mismas características y velocidad de flujo que el Sistema de Filtro Cóndor, excepto que se encuentra en un recipiente más pequeño de 53 litros. El Filtro Eagle se vende por $ 489 USD.

El Filtro Puma

El Filtro Puma es un filtro de membrana de 0,10 micras de tubo hueco doble. La característica clave de este filtro es que el agua limpia producida por uno de los filtros de membrana puede usarse para retro lavar el otro filtro de membrana. El Filtro Puma, que puede producir 15 litros/min, funciona a una presión tan baja como 2 metros de agua. El Filtro Puma se vende por $ 1.350 USD.

Estos cuatro filtros se han instalado en países de Asia y África, así como en Perú, Ecuador, Honduras, México y Puerto Rico.

La Fundación Kumpi Mayu

https://www.kumpimayufoundation.org/

La Fundación Kumpi Mayu es una ONG con sede en Berkeley, California, cuya misión es proporcionar agua potable y educación sobre alfabetización a los países en desarrollo de todo el mundo.

La Fundación Kumpi Mayu fue fundada por Dean y Martha Rutherford, que son residentes de Berkeley. Dean, después de graduarse de la Universidad de Notre Dame, trabajó en Chile realizando desarrollo comunitario durante varios años. Más tarde fundó y dirigió un exitoso negocio de construcción de viviendas en Berkeley.

Martha, que tiene un doctorado en educación, trabajó como consultora bilingüe para escuelas primarias y programas universitarios de posgrado. Tanto Dean como Martha hablan español con fluidez. El inicio de su trabajo se produjo durante una visita a Perú, cuando la gente les preguntó si podían ayudarlos a proporcionar agua limpia a sus aldeas. Decidieron formar la Fundación Kumpi Mayu para financiar su trabajo.

Kumpi Mayu está actualmente afiliado a SENAGUA en Ecuador; el municipio de Cusco, Perú; el estado de Oaxaca, México; La Cocina Central Mundial en Puerto Rico; el Club Rotario de Puerto Rico; y El Rotary Club de Berkeley, CA.

ESTUDIO DE CASOS

Yuncaypata, Perú

El pueblo de Yuncaypata se encuentra en las montañas al noroeste de Cusco, Perú. Se localiza directamente fuera de la carretera 28G, que conduce desde Cusco hacia el Valle Sagrado y Machu Picchu. Yuncaypata es una pequeña comunidad de 80 hogares. Los habitantes de la aldea son indios quechuas, y más de la mitad son niños pequeños. El pueblo parece estar bastante bien, con varios rebaños de ovejas y tierra que trabajan juntos a 500 metros cuesta abajo de la carretera. Varios de los aldeanos poseen camionetas, pero normalmente llevan sus productos al mercado sobre sus espaldas.

Yuncaypata es uno de los 14 pueblos similares que se encuentran en las montañas que rodean Cusco. Los ancianos le pidieron a Agua Munda LLC que instalara un sistema de agua limpia para su pueblo.

El camino que conduce a la comunidad de Yuncaypata, Perú.

Cuatro personas, incluido yo mismo, viajamos desde los EE. UU. para instalar este sistema de agua limpia. Primero asistimos a una reunión comunitaria, que se realizó al aire libre en la escuela. La mayoría de los aldeanos asistieron. En la reunión, repasamos los detalles del sistema de agua que planeábamos instalar con su ayuda. Les hicimos probar el agua limpia del sistema de filtrado que planeamos instalar y solicitamos sus esfuerzos para construirla.

El trabajo fue realizado por los hombres que viven en la aldea bajo la dirección de Agua Munda LLC, que recibió $ 20.000 USD como fondos para el proyecto de la Fundación Kumpi Mayu

El suministro de agua de la aldea provenía de un manantial ubicado a ocho kilómetros en las montañas. Desafortunadamente, el agua estaba contaminada porque fluía en una zanja abierta a lo largo de los ocho kilómetros a través de los pastizales, mientras viajaba desde las montañas hasta el tanque de almacenamiento de concreto ubicado sobre el pueblo. Luego, el agua fluía a través de una tubería de PVC de 150 mm hasta un punto central donde los aldeanos recogían su agua.

La solución fue instalar dos grandes filtros de arena en la colina sobre el pueblo. Los filtros de arena consistían en tuberías perforadas en el fondo para recoger el agua; la grava en el fondo proporcionó un espacio de almacenamiento para el agua filtrada; y arena para filtrar el agua. Los filtros de arena se construyeron dentro de dos tanques de almacenamiento Rotoplas de 2.500 litros Una vez que se construyeron los dos filtros de arena, el agua que fluía desde el tanque de almacenamiento previo a través de la tubería de 150 mm se dirigió a los dos filtros de arena.

También se instaló un tercer tanque de almacenamiento de 2.500 litros después de los dos filtros de arena. El agua limpia de los filtros de arena fluía hacia este tanque de almacenamiento inferior, que luego se conectó a la tubería de PVC de 150 mm que conducía a la aldea.

Veinte de los Filtros Cóndor de Agua Munda se instalaron en Yuncaypata en lugares convenientes para las ochenta casas del pueblo, con un Sistema de Filtro Cóndor por cada cuatro casas. Estos filtros de membrana se instalaron horizontalmente en el fondo de un recipiente de 121 litros.

Este sistema de filtro suministró agua limpia a un alto caudal de 15 litros/minuto (900 litros/hora). La membrana es una fibra hueca de 0,10 micras y debe durar al menos 10 años si se mantiene adecuadamente.

Una característica exclusiva del Filtro de agua Cóndor es un sistema de retrolavado incorporado, que permite al usuario retro lavar el filtro de manera fácil y frecuente. La práctica de retro lavar todos los filtros de membrana es esencial para mantener su uso continuo y su larga vida útil. Solo uno de estos filtros puede producir suficiente agua para mil personas todos los días. (Ver el siguiente estudio de caso).

El Colegio Pukllasunchis, Cusco, Perú

(se pronuncia: puquia-sun-chis)

https://www.pukllasunchis.org/

El nombre "Pukllasunchis" significa "juguemos" en quechua. El Colegio Pukllasunchis es una escuela privada con 750 niños ubicada en Cusco, Perú. La escuela tenía un suministro de agua, que no era segura para beber, que venía de la ciudad.

La Fundación Kumpi Mayu instaló dos filtros de membrana en el Colegio, trayendo agua limpia a la cocina a través del Filtro Puma en la cocina y el Filtro Cóndor en el patio de la escuela.

El Filtro Puma, con su capacidad de retrolavado incorporada, fue un éxito instantáneo en la cocina. Se lava fácilmente con solo

Un sistema de filtro de membrana de agua instalado por la Fundación Kumpi Mayu en Cusco, Perú.

girar unas pocas válvulas, que los trabajadores de la cocina hacían todas las mañanas. Se amortizó en un mes, porque el propano ya no era necesario para hervir el agua.

El Filtro Cóndor, que se instaló en el área de juegos, resultó en una mejora en la salud de los estudiantes y una reducción en la necesidad de comprar grandes cantidades de agua embotellada en recipientes de plástico. Los dos filtros de membrana tuvieron un impacto significativo dentro del Colegio.

Incluyendo maestros, personal y estudiantes, un total de mil personas utilizan diariamente el filtro Condor. Muchos de los padres y los niños también llevan agua a casa al final del día.

CAPÍTULO 16-2

UNIVERSIDAD AGUACLARA CORNELL

http://aguaclara.cornell.edu

El Proyecto de suministro de agua sustentable AguaClara fue fundado en la Universidad de Cornell por el Dr. Monroe Weber-Shirk, profesor titular en el Departamento de Ingeniería Civil y Ambiental de Cornell. Recibió su Ph.D. en Ingeniería Ambiental de Cornell en 1992. Su experiencia trabajando en campamentos de refugiados salvadoreños en Honduras sirvió para moldear su interés en tecnologías sustentables para el agua potable.

La primera planta de tratamiento de agua potable de AguaClara se completó en 2006 en Ojojona, Francisco Morazán, Honduras. AguaClara Cornell y su organización socia hondureña, Agua Para el Pueblo, unieron fuerzas para construir un total de 18 instalaciones de tratamiento de agua AguaClara en Honduras y dos en Nicaragua, proporcionando agua tratada a más de 80.000 personas.

Las plantas nicaragüenses fueron construidas por la organización no gubernamental (ONG) Agua Para La Vida con el apoyo de Agua Para el Pueblo. Las 20 plantas en Honduras y Nicaragua varían en capacidad de tratamiento de uno a 70 litros/segundo.

El enfoque de AguaClara Cornell se centra en el desarrollo de tecnologías sustentables de tratamiento de agua potable alimentadas por gravedad. Los estudiantes en el programa tienen la oportunidad de participar en investigaciones y diseños innovadores.

Los estudiantes de pregrado y posgrado de ingeniería trabajan en el proyecto como parte de una clase en Cornell, y algunos de ellos viajan cada año para visitar las plantas de tratamiento. Sin embargo, la construcción de las plantas de tratamiento siempre se realiza con mano de obra local, utilizando materiales locales. Las plantas son propiedad y están operadas por las comunidades locales, que también aportan mano de obra y financiación para la construcción de la planta.

Se programó la puesta en servicio de una nueva instalación de 120 litros/segundo en Gracias, Lempira, Honduras, diseñada para servir a 40.000 personas, en junio de 2019. Las organizaciones asociadas de Aqua Clara también han construido instalaciones de tratamiento adicionales en India AguaClara LLC y AguaClara Reach. http://aguaclarallc.com/ y https://www.aguaclarareach.org/

ESTUDIO DE CASOS

Tamara, Francisco Morazán, Honduras

Durante marzo de 2012, visité una planta de tratamiento de agua de AguaClara en Tamara, una comunidad de aproximadamente 3.500 personas al norte de la ciudad capital de Tegucigalpa, Honduras. Estaba liderando un grupo de estudiantes graduados de ingeniería ambiental de la U.C. en Berkeley, todos los cuales hablaban español con fluidez. Entre estos estudiantes estaba John Erickson, quien había trabajado en Honduras con el proyecto AguaClara durante dos años después de completar su licenciatura en ingeniería ambiental en Cornell.

Un estudiante de Cornell explica el agua limpia a los niños en Honduras.

La planta de tratamiento de agua había estado funcionando durante casi cuatro años cuando la visitamos. La instalación de 12 litros/segundo fue alimentada por dos fuentes: Un gran arroyo a varios kilómetros de distancia y un manantial a varios cientos de metros cuesta arriba de la planta. Tenía cuencas de floculación y sedimentación abiertas y observables para una fácil inspección y un filtro de arena rápido apilado, que fue desarrollado por AguaClara Cornell y agregado a la planta unos años después de la construcción inicial.

El hipoclorito de sodio, que se agregó al agua en el efluente de la planta y los tanques de almacenamiento de distribución junto a la planta proporcionaron tiempo de contacto con el cloro. La planta no requería electricidad, ya que todos los procesos, incluida la dosificación química y el retrolavado del filtro apilado, funcionaban completamente por gravedad.

El agua tratada de la planta se alimentó por gravedad a cada casa individual en toda la comunidad, a través de una red de distribución por tuberías que había estado en su lugar antes de la construcción de la planta.

La planta fue operada por un miembro de la comunidad que fue pagado por la junta de agua, del producto de la tarifa del agua financiada por los usuarios. La tarifa se incrementó en el momento en que se construyó la planta para cubrir los costos operativos adicionales. El operador estaba muy orgulloso de la instalación y nos mostró, usando un medidor de turbiedad, que la turbiedad del efluente de la planta de tratamiento era menor que la del agua embotellada que transportaba uno de los estudiantes.

La planta de tratamiento de agua Agua Clara en Honduras.

Visitamos la comunidad de Tamara para observar la forma en que el agua se distribuía por gravedad y se usaba en las casas. En una de las casas, le preguntamos al residente su opinión sobre el agua limpia recién suministrada. Su rostro se iluminó con una gran sonrisa y dijo con entusiasmo (en español): "¡Los parásitos ya se fueron!".

Capítulo 16-3

Aqua Clara International
http://aquaclara.org/

Conocí al Dr. Robert (Bob) McDonald, fundador de Aqua Clara International (ACI), en la Feria Rotaria de Antigua, Guatemala, en 2010.

Asistí a este evento porque recientemente me uní al Club Rotario de San Francisco #2 y busqué aprender más sobre cómo Rotary participó en el suministro de agua limpia a los países en desarrollo. Bob estaba haciendo una demostración de un filtro de bioarena que había hecho con materiales locales. En ese momento, estaba algo familiarizado con los filtros de bioarena CAWST (Centro de Tecnología de Agua y Sanitaria Accesible) hechos de concreto; sin embargo, nunca había visto ni imaginado uno que pudiera estar hecho de ningún material local (por ejemplo, un bote de basura de plástico).

A instancias de Bob, asistí al curso corto CAWST sobre filtros de bioarena, que se imparte en Calgary, Alberta, Canadá.

ACI es una ONG ubicada en el Instituto Bioeconómico de la Universidad Estatal de Michigan en Hope, Michigan. ACI también tiene oficinas y operaciones en Kenia, Ruanda, Nicaragua, México, Puerto Rico y República Dominicana. Su esfuerzo principal es capacitar a la gente local en la construcción de filtros de bioarena a partir de materiales locales.

Además de esos filtros de bioarena, los productos de ACI incluyen:

1. Un sistema económico para la eliminación de arsénico.
2. Un filtro comunitario que utiliza tanto el filtro de bioarena como la tecnología de membrana, para suministrar agua a comunidades enteras a un ritmo de 6.000 a 8.000 litros/día.
3. Un filtro en las instalaciones que utiliza una combinación de tecnología de bioarena y membrana para abastecer escuelas, orfanatos, etc. a un ritmo

de 1.000 a 10.000 litros/día. ACI tiene 95 de estos filtros actualmente operando en países en desarrollo.

4. Los filtros domésticos que utilizan una tecnología de membrana para suministrar 300 litros/día con una tasa de eliminación de patógenos del 99,9999%.

Hasta la fecha, ACI ha instalado 24.900 de estos sistemas de agua limpia en países en desarrollo. Los sistemas tienen un caudal total de 2,9 millones de litros/día y llegan a más de 317.600 personas.

ACI ahora está concentrando sus esfuerzos en los Filtros de Instalaciones + Sistemas de Arsénico que tienen el doble propósito de filtrar agua y eliminar arsénico. El filtro + el sistema de arsénico utiliza un pre-filtro de arena, un pre-filtro de 15 micras y dos filtros de membrana hueca de 254 mm y 0,2 micras más un medio de remediación de arsénico. Los dos sistemas de filtro de membrana hueca de 0,2 micras tienen la característica única de un sistema de retrolavado interno.

El pre-filtro de arena y el pre-filtro de 15 micras elimina el sedimento y las bacterias de la fuente de agua, junto con la absorción y eliminación de iones de arsénico del agua que se va a purificar. Los dos filtros de membrana de 0,2 micras de fibra hueca que se colocan en serie eliminan en esencia, las bacterias con una tasa de eliminación del 99,9999%.

ACI no patenta sus productos, pero cree que todos los dispositivos que se utilizan para suministrar agua limpia a los países en desarrollo deberían ser gratuitos y estar disponibles para todos los usuarios.

ESTUDIO DE CASOS

Aqua Clara Kenia (ACK)

ACK comenzó a trabajar en Kenia en 2007, instalando sus filtros de bioarena fabricados localmente. Capacita a expertos locales sobre cómo construir productos de agua, saneamiento e higiene (WASH) utilizando materiales locales, lo que ayuda a crear pequeñas empresas locales y sostenibles. Se han construido e instalado más de 7.000 sistemas de purificación de agua.

ACK trabaja con los emprendedores locales de desarrollo comunitario (CDE por sus siglas en inglés). Todo el trabajo de ACI enfatiza el desarrollo de una base de conocimiento local y motivación local.

MÉXICO

ACI ha utilizado sus filtros de membrana y filtro de metales pesados para eliminar el arsénico en la región de Sierra Gorda en el estado de Sonora, México. Aquí, se asoció con varias agencias mexicanas locales y la Fundación Ford.

NICARAGUA

ACI ha estado trabajando desde 2009 en Nicaragua, donde ha instalado más de 3.000 sistemas de filtración de agua, brindando beneficios a más de 30.000 personas. Aquí nuevamente, la eliminación de arsénico de las fuentes de agua locales ha sido una preocupación importante. La contaminación por arsénico en el agua potable ha reducido la esperanza de vida en el área a unos 46 años.

Un filtro de bioarena estilo Aqua Clara en el laboratorio del autor en U.C. en Berkeley.

CAPÍTULO 16-4

Ingenieros sin Fronteras EE.UU.

https://www.ewb-usa.org/

Ingenieros sin Fronteras de EE. UU. (EWB-USA) Fue fundada en 2002 por el Dr. Bernard Amadei, profesor de ingeniería civil en la Universidad de Colorado, en Boulder. Desde su comienzo, EWB-USA ha crecido a 13.800 miembros trabajando en 275 capítulos en los Estados Unidos.

La misión de EWB-USA es "construir un mundo mejor a través de proyectos de ingeniería que capaciten a las comunidades, para satisfacer sus necesidades humanas básicas y equipar a los líderes, para resolver los desafíos más apremiantes del mundo".

La visión de EWB-USA es "un mundo en el que cada comunidad tenga la capacidad de satisfacer de manera sustentable sus necesidades humanas básicas".

Su trabajo se divide en tres áreas distintas:

Programas comunitarios internacionales

https://www.ewb-usa.org/programs/international-community-program/

Actualmente, esta área cuenta con 600 proyectos en 40 países. Los proyectos incluyen el suministro de agua potable y sistemas de saneamiento, la construcción de obras civiles y el suministro de electricidad a las comunidades internacionales.

Cuerpo de servicio de ingeniería

https://www.ewb-usa.org/programs/engineering-service-corps/

Este programa involucra a un grupo de voluntarios que tienen experiencia en la planificación, diseño, construcción, gestión de proyectos, capacitación, monitoreo y evaluación de proyectos en una amplia gama de áreas. Estos incluyen respuesta a desastres, agricultura, infraestructura, agua, saneamiento, higiene, energía y resiliencia climática. Los voluntarios pueden pasar varias semanas en una tarea en el extranjero o simplemente revisar un proyecto en su localidad.

Community Engineer Corps (Cuerpo de Ingenieros Comunitarios)

http://www.communityengineeringcorps.org/

El Community Engineer Corps es un grupo de más de 200.000 profesionales técnicos y estudiantes que trabajan en comunidades necesitadas de todo el mundo. La organización se formó en 2014 como una cooperación entre EWB-USA, la Sociedad Estadounidense de Ingenieros Civiles y la Asociación Estadounidense de Obras Hidráulicas. Estos voluntarios trabajan en una amplia gama de proyectos, que incluyen obras civiles, gestión de residuos, energía, sistemas de información, suministro de agua, saneamiento y estructuras. Muchos de sus proyectos están en los Estados Unidos.

Ingenieros sin Fronteras — Universidad de California, Berkeley, Capítulo Estudiantil

https://ewb.berkeley.edu/

A diferencia de las organizaciones nacionales e internacionales descritas anteriormente, los Ingenieros sin Fronteras de la Universidad de California, en el Berkeley Student Chapter, es un ejemplo de un grupo local. Se formó en 2009. La profesora Kara Nelson y yo fuimos los asesores originales de la facultad de este capítulo.

Su misión es la siguiente: "Trabajar con diversas comunidades para desarrollar soluciones de ingeniería sostenibles, que satisfagan las necesidades básicas de salud y saneamiento. Al proporcionar a los estudiantes de todos los orígenes una experiencia práctica, unimos nuestra comunidad con otros en todo el mundo, fomentando la conciencia cultural a través de la innovación social y tecnológica".

ESTUDIO DE CASOS

Los miembros del Capítulo de Estudiantes EWB de la U.C. en Berkeley han trabajado o están trabajando actualmente en los siguientes proyectos:

Perú

En 2011, un equipo de estudiantes de la U.C. en Berkeley viajaron a las comunidades de Quivicalla, Huanucollo y Carancas, ubicadas en el sur de Perú. Fueron asistidos por Steven Bosiljevac, miembro del Capítulo Profesional de EWB San Francisco y capitán del Servicio de Salud Pública de EE. UU.

El propósito del viaje era evaluar las necesidades de suministro de agua de estos pueblos. Descubrieron que el suministro de agua para las aldeas provenía de acuíferos profundos que contenían cantidades significativas de arsénico. Con base en estos hallazgos, decidieron utilizar la recolección de agua de lluvia como un suministro de agua alternativo. El proyecto se completó con éxito en marzo de 2018.

Una fuente segura de agua en Bolivia.

Además, involucraron a la comunidad en un programa educativo para presentarles los peligros de beber agua subterránea que contenía arsénico.

Nicaragua

Este proyecto involucró la planificación, diseño y construcción de un sistema de suministro de agua para la comunidad de El Llanito, Nicaragua. El Student Chapter de la U.C. en Berkeley fue asistido por el EWB San Francisco Professional Chapter y V3, una empresa de ingeniería con sede en Chicago. El suministro de agua provenía de un pozo central.

El agua se bombeaba (usando electricidad de la red local) a un tanque elevado y por gravedad alimentaba a través de una red de tuberías a los 1.200 aldeanos. Los estudiantes utilizaron los programas informáticos disponibles públicamente EPANet y AutoCAD para diseñar la red de tuberías y determinar la ubicación de 55 grifos ubicados en todo el pueblo.

Este proyecto aún está en curso. Una vez completado, se formará un comité local de agua de la aldea para mantener la sustentabilidad del sistema.

Panamá

El Valle de San Francisco, Panamá, es una comunidad de 1.100 personas que carecían de un suministro de agua limpia y un sistema de saneamiento. Las pruebas de calidad del agua indicaron que, debido al suministro intermitente de agua, el agua almacenada en las casas se estaba contaminando con *E. coli* que causaba diarrea entre los aldeanos.

El Capítulo de EWB de UC Berkeley colaboró con Footprint Possibilities, una ONG sede en Panamá (ver el enlace a continuación), para construir un sistema de distribución de agua limpia. Este es un proyecto en curso. La educación en prácticas de higiene y un proyecto de saneamiento están planificados para el futuro. https://footprintpossibilities.org/

Programa de saneamiento de Nicaragua

Este proyecto se enfoca en la planificación, diseño y construcción de letrinas para la comunidad de Cuyali en el departamento de Madriz de Nicaragua. La EWB en Berkeley está trabajando actualmente con la oficina EWB local en Nicaragua y UNAG, una ONG local para diseñar letrinas modernas para la comunidad.

CAPÍTULO 16-5

Potters for Peace

https://pottersforpeace.org/

Potters for Peace es una organización sin fines de lucro con sede en Dodgeville, Wisconsin. Cuenta con varios programas exitosos que son únicos entre los proveedores de agua limpia y segura para los países en desarrollo. Estos incluyen:

1. El curso anual que se imparte en la sede de Potters for Peace en Dodgeville. Participé en el curso de 12 días en agosto de 2019. El curso se centró en cómo construir filtros de cántaros de cerámica y cómo establecer una fábrica en un país en desarrollo. La mayoría de los estudiantes provenían de países en desarrollo de todo el mundo. El curso fue impartido por cuatro alfareros de clase mundial más dos instructores de CAWST.

El autor con sus compañeros en el taller de Potters for Peace. en Dodgeville, Wisconsin.

2. La construcción de fábricas de cerámica en muchos países del mundo. Como se muestra en un mapa en su sitio web, actualmente hay más de 50 fábricas de agua de Potters for Peace a nivel internacional. En 2017, compré 10 de los filtros de la fábrica Maji Safi PFP, que se encuentra al norte de Kisumu, en el oeste de Kenia. Cuestan $ 17 USD cada uno. El Club Rotario de Mbita-Mfangano, Kenia, distribuyó los filtros a las aldeas en la isla de Mfangano, que se encuentra en el lago Victoria, Kenia.

El autor con un filtro de agua de cerámica de estilo Potter for Peace en Kisumu, Kenia.

El primer diseño para los filtros de agua Potters for Peace fue desarrollado en Guatemala en 1981 por el Dr. Fernando Mazariegos del Instituto Centroamericano de Investigación y Tecnología Industrial. Su meta era "hacer que el agua contaminada con bacterias se convirtiera en segura para los más pobres y vulnerables, mediante el desarrollo de un filtro de bajo costo que pudiera fabricarse a nivel comunitario".

La primera fábrica de producción de filtros cerámicos para agua de Potters for Peace fue construida en Nicaragua en respuesta al huracán Mitch en octubre de 1998.

Las ventajas de los filtros de agua de cerámica son:

1. Son muy económicos en comparación con otros métodos de filtración de agua limpia.

2. Proporcionan filtrado físico continuo, lo que reduce los contaminantes en el agua contaminada.
3. Incluyen un contenedor de almacenamiento que está integrado con el filtro, que produce un almacenamiento seguro para el agua limpia bajo demanda.
4. No se requiere energía.

Las desventajas de los filtros de agua de cerámica son:

1. La dificultad en el transporte seguro. En mi laboratorio de la Universidad de California, Berkeley, los primeros dos filtros de cerámica que ordené en una tienda en Boulder, CO, llegaron rotos en muchos pedazos. En el tercer intento, recibí un filtro cerámico completo de una fábrica en Canadá.
2. El caudal de 1 a 3 litros/hora es bajo para una familia numerosa.
3. Al igual que muchos filtros, los filtros de cerámica no eliminan arsénico o fluoruro del agua.

Filtros de maceta de cerámica al estilo Potters for Peace del taller de Dodgeville, Wisconsin

Vi por primera vez un filtro de agua de cerámica de color terracota en la oficina de una ONG en Antigua, Guatemala. Llenaron la vasija de cerámica varias veces al día desde el suministro de agua de la ciudad local. Este filtro de cerámica era ideal para una oficina donde trabajaban algunas personas y la demanda de agua limpia era modesta. El caudal de estos filtros es de solo 1 a 3 litros por hora, por lo que está diseñado para usarse en una oficina pequeña o en un hogar individual.

ESTUDIO DE CASOS

Desarrollo rural internacional: Camboya

http://rdic.org/

Resource Development International — Camboya (RDIC por sus siglas en inglés) ha trabajado activamente en proyectos de agua, saneamiento, educación y desarrollo comunitario desde 2000. Sus programas y proyectos se dividen en cuatro áreas: desarrollo comunitario, laboratorio e investigación, filtros de agua de cerámica y estudio de medios.

RDIC ha estado haciendo filtros de agua de cerámica de estilo Potters for Peace en Camboya desde 2003. Han distribuido más de 60.000 de estos filtros en Camboya.

Los ensayos de campo que tratan sobre la efectividad de los filtros de agua de cerámica en Camboya a lo largo del tiempo, demostraron una reducción del 46% en la enfermedad diarreica en usuarios de filtros en comparación con los no usuarios, junto con una reducción promedio de 95,1% (y hasta 99,99%) de *E. coli* en agua potable *(Brown y Sobsey, 2010)*.

Las pruebas de laboratorio han mostrado una reducción del 90% al 99% en los virus. Estos resultados apoyan otras pruebas de filtros de agua de cerámica *(Lantagne, 2001)* como un medio altamente exitoso de empoderar a los hogares para administrar su propio suministro de agua segura. Los filtros de cerámica se venden por $ 20 USD cada uno.

La RDIC a menudo agrega plata al interior y al exterior del filtro de cerámica, ya que se absorbe en los poros de arcilla. La plata actúa como biocida contra las bacterias cuando hay suficiente tiempo de contacto.

CAPÍTULO 16-6

Rotary International

www.rotary.org

Rotary International es una red global de unos 1,2 millones de miembros en 34.000 clubes que imaginan un mundo donde las personas se unen y toman medidas para crear un cambio duradero. Tiene seis áreas de enfoque, una de las cuales es Agua y saneamiento. Fue fundada el 23 de febrero de 1905 en Chicago y celebrará su 115 aniversario en 2020.

Fundación Rotaria

https://www.rotary.org/en/about-rotary/rotary-foundation

La Fundación Rotaria es la entidad dentro de Rotary International que recauda y distribuye fondos a sus seis áreas de enfoque. Fundado en 1917, su primer proyecto fue instalaciones sanitarias para mujeres en el centro de Chicago. No existían tales facilidades para mujeres hasta esa fecha.

Desde su creación, la Fundación Rotaria ha contribuido con más de $ 4 mil millones de dólares a proyectos humanitarios en todo el mundo. En 2018, donaron unos $ 86 millones de dólares y tiene una calificación de 4 estrellas de Charity Navigator. La Fundación entrega el 92% de sus donaciones a causas Rotarias.

ESTUDIO DE CASOS

Carmelita, Guatemala

Este proyecto fue financiado por la Fundación Rotaria a un costo de $ 45.000 USD. Mirador Conservation Fund aportó $ 15.000 USD adicionales en 2017 para finalizar la construcción del Centro de Filtración.

La construcción fue completada por la Fundación para la Investigación Antropológica y Estudios Ambientales (FARES por sus siglas en inglés) y el Proyecto de la Cuenca del Mirador.

Cisterna excavada a mano en Carmelita, Guatemala.

El control de calidad fue administrado por los Clubes Rotarios de Tikal Petén y el Club Rotario de Pacifica, CA. El Club Rotario Pacífica proporcionó la financiación inicial para el proyecto. http://www.faroo foundation.org/

La primera vez que vimos Carmelita, fue desde nuestro helicóptero mientras rodeaba el pueblo buscando un lugar para aterrizar. En el helicóptero se encontraban rotarios del Rotary Club de Pacífica, CA y del Rotary Club de San Francisco #2.

Al aterrizar en un pequeño círculo de hierba despejado del bosque circundante, caminamos por la aldea para determinar su fuente de agua potable, el uso del agua, sus instalaciones de saneamiento, su nivel de higiene y qué se podía hacer para proporcionarle agua potable.

Descubrimos que Carmelita tiene una población de aproximadamente 75 familias, con 425 residentes en total. Es uno de los pueblos más septentrionales de Guatemala, ubicado al oeste de la frontera con Belice y al sur de la frontera con México. El pueblo está ubicado en la Reserva de la Biosfera

Carmelita, Guatemala

Maya sobre una colección de antiguas ruinas mayas. En esta reserva se incluye el sitio arqueológico El Mirador, dirigido por el Dr. Richard Hansen, profesor adjunto de antropología de la Universidad de Utah que nos acompañó en la visita al sitio.

Carmelita se encuentra al final del camino desde el lago Petén Itzá y cerca de la ciudad de Santa Elena, donde se encuentra el aeropuerto; por lo tanto, es la puerta de entrada natural para los turistas que realizan una caminata de cinco días por la selva hacia el norte hasta el sitio arqueológico El Mirador, que cuenta con el apoyo de National Geographic. En Carmelita, los turistas se encuentran con sus guías de senderismo y compran agua antes de ir de excursión al sitio.

Además de proporcionar turismo para caminatas durante todo el año a Mirador, los aldeanos de Carmelita obtienen sus ingresos de la extracción de madera de los bosques locales en Chicle y Xate.

Descubrimos que la ciudad no tenía acceso a agua limpia durante todo el año.

Un hotel en Carmelita, Guatemala.

La comunidad dependía del agua de lluvia durante la temporada de lluvias, pero cuando llegó la temporada de sequía (aproximadamente seis meses del año), las familias se vieron obligadas a depender de dos lagunas cargadas de sedimentos. Uno de estos fue utilizado para animales y contaminado por excremento y vertientes agrícolas. La segunda laguna que suministraba agua potable también estaba contaminada, lo que resultó en graves problemas de salud para las familias de la aldea.

Sin embargo, observamos una casa donde se recogía el agua de lluvia del techo en una cubeta de 20 litros. El agua de lluvia se vertía en otro balde, que estaba ubicado dentro de la casa y contenía un par de filtros verticales de vela de cerámica. (Ver Capítulo 3.3.)

En el exterior de esta cubeta estaban las palabras "U.S. AID", lo que significaba que la Agencia de los Estados Unidos para el Desarrollo Internacional había entregado a la familia el sistema de recolección. Patricia, la cabeza de la familia, nos dijo que los filtros tenían 15 años.

Nos preguntamos si estos filtros cerámicos seguían siendo efectivos para eliminar cualquier contaminante que pudiera estar en el agua de lluvia recogida de su techo. Patricia nos dijo que cada vez que dejaba de beber el agua filtrada de manera seguida, su salud disminuía y experimentaba náuseas, vómitos y diarrea. Concluimos así que los filtros de cilindros cerámicos, sorprendentemente, deben haber estado funcionando.

Al caminar por Carmelita, observamos un montón de papel y otra basura esparcida por el pueblo. El centro comunitario estaba en mal estado, y la ciudad en sí estaba claramente deteriorada.

Decidimos que la solución para proporcionar agua limpia para la aldea era instalar un sistema de recolección de agua de lluvia.

Este enfoque requería:

1. El reemplazo de los techos sobre el centro comunitario y la escuela con techos de policarbonato.
2. La construcción de una gran cisterna de agua subterránea, cubierta y directamente adyacente al centro comunitario y la escuela, para almacenar el agua de lluvia durante la estación húmeda de seis meses, para su uso durante la estación seca de seis meses.

   Cuando visitamos el sitio arqueológico maya El Mirador al norte de Carmelita, observamos una cisterna excavada a mano que tenía 15 m x 20 m x 20 m de profundidad. La misma tecnología utilizada para la cisterna de Mirador se determinó apropiada para Carmelita.
3. La instalación de una bomba de agua con energía solar para enviar el agua de la cisterna subterránea al nuevo Centro de Filtración.

4. La instalación de filtros de agua individuales en cada hogar. HELPS International suministró un Filtro de agua tipo vela de cerámica Onil (ver Capítulo 3.3) a cada una de las casas de la aldea. https://www.helpsintl.org
5. La programación de cursos de alfabetización de adultos.

Desde la instalación de este sistema de agua, que se completó en 2017, se han producido cambios notables en Carmelita. El pueblo está mucho más limpio de escombros, y hay albergues para excursionistas, así como lugares para comer y comprar provisiones rudimentarias para el viaje. Numerosos sitios web promocionan la caminata por la selva desde Carmelita hasta las ruinas mayas al norte.

El médico del proyecto FARES (Fundación para la Investigación Antropológica y Estudios Ambientales, por sus siglas en inglés), Miguel Adán Perera, ha estado monitoreando la mejora de las estadísticas de salud en Carmelita durante los últimos cinco años. El Dr. Perera, junto con la clínica de salud local, ha vinculado directamente la mejora del agua potable disponible con estadísticas de salud mejoradas.

En promedio, todas las enfermedades relacionadas con el agua disminuyeron en un 47% durante el período de tres años (2014-17), y la disminución más significativa se observó en la pioderma. Pioderma significa cualquier enfermedad de la piel que sea piógena (la presencia de pus). Estos incluyen: Infecciones bacterianas superficiales, como impétigo, impétigo contagioso, ectima, foliculitis, impétigo de Bockhart, forúnculo, carbunco, úlcera tropical, etc. Las condiciones autoinmunes incluyen pioderma gangrenoso. La pioderma afecta a más de 111 millones de niños en todo el mundo, lo que la convierte en uno de los tres trastornos cutáneos más comunes en niños, junto con la sarna y la tiña.

La categoría menos afectada fue la epidermofitosis, más comúnmente conocida como pie de atleta. En esta categoría, hubo una disminución del 19%.

Se notaron condiciones muy mejoradas con diarrea, amebas intestinales, giardia intestinal y eczemas. Cada una de estas categorías vio una mejora de más del 50% en los tres años.

Es alentador ver que estas mejoras se experimentaron en la población infantil y juvenil de Carmelita. En general, se entiende que las modificaciones de comportamiento con respecto a la higiene y la atención prenatal se producen predominantemente en las poblaciones de mujeres y jóvenes.

CAPÍTULO 16-7

ROTARY INTERNATIONAL

www.rotary.org

(Consulte el Capítulo 16-6 para obtener una descripción completa de Rotary International).

FUNDACIÓN ROTARIA

https://www.rotary.org/en/about-rotary/rotary-foundation

La Fundación Rotaria ha financiado proyectos de agua en Myanmar desde 2005. (Consulte el Capítulo 16-6 para obtener una descripción completa de la Fundación Rotaria).

ESTUDIO DE CASOS

MYANMAR

En marzo de 2005, el Rotario JT Warring dirigió un equipo de cámaras de video a través de los países del sur y este de Asia,

Sistema de agua #5 en Myanmar del Club Rotario de Los Ángeles

Sistema de agua #5 en Myanmar del Club Rotario de Los Ángeles.

que quedaron traumatizados por el tsunami del 26 de diciembre de 2004, el Día del Boxeo. El resultado fue un video documental de 15 minutos, "Consecuencias de un tsunami".

Este video contenía escenas gráficas de los países de Tailandia, Sri Lanka e Indonesia. El video se mostró en Clubes Rotario en todo el mundo. Una de las naciones visitadas fue Myanmar, anteriormente Birmania, lo que llevó al Sr. Warring a iniciar una relación a largo plazo con el Proyecto de Compasión de Myanmar (MCP) con sede en Yangon, una ONG doméstica de apoyo médico, dental y alimentario que apoya a los orfanatos.

En 2006, los rotarios en California profundizaron en esta conexión con MCP para formar el Proyecto de Sistemas de Gestión del Agua de Rotary Myanmar (Proyecto Rotary Myanmar). Trabajando con una empresa de ingeniería civil de Myanmar, se planificó, diseñó y construyó un sistema de manejo del agua. El sistema fue diseñado para ser localmente adaptable y fácilmente duplicado.

Los criterios de diseño originales imponían los siguientes requisitos para el sistema:

1. El menor costo por zona y que sea factible.
2. Treinta años más de vida útil sin reconstrucción o reemplazo sustancial.
3. Mínima complejidad mecánica, lo que resulta en una relativa simplicidad de mantenimiento.

4. Todos los componentes se deben obtener localmente (es decir, dentro de Myanmar).
5. Un diseño estándar apropiado para varios sitios de construcción en Myanmar.

Un diseño típico para un proyecto de Rotary Myanmar consta de los siguientes elementos:

- Agua extraída de un pozo utilizando un sistema de aire comprimido para elevar el agua del pozo a un tanque de 5.700 litros en la superficie. Se permite que el agua del pozo permanezca en el tanque de 5.700 litros hasta que el sedimento se deposite en el fondo del tanque por gravedad. Luego, el agua libre de sedimentos se bombea hasta dos tanques de 2.300 litros, que se encuentran en la parte superior de una torre de acero de 6,7 metros.
- El agua cruda fluye hacia abajo a través de tres filtros de membrana o un sistema de filtrado electromecánico, y luego se distribuye a los usuarios.

El agua se usa de la siguiente manera:

1. Para cocinar y beber: 15% a 20%
2. Baño y lavandería: 20% a 25%
3. Riego de cultivos donde corresponda.

Para junio de 2019, ya se han construido 67 de estos sistemas de agua. Los sitios incluyen pueblos, universidades, monasterios y orfanatos. El costo de cada uno es de $ 9.000 USD. La Fundación Rotaria y otros clubes rotarios han contribuido con unos $ 400.000 USD al Proyecto Rotario de Agua de Myanmar.

Además de la contribución de los Rotarios, el gobierno de Myanmar, a través del Director General de Desarrollo de Aldeas de Myanmar y bajo los auspicios del Ministerio de Agricultura y los usuarios locales han pagado todos los pozos y perforaciones requeridos por estos 67 sistemas de agua.

Al igual que con otros proyectos de agua, los líderes del proyecto Rotario han tenido que superar varios problemas culturales para convencer a los usuarios locales de beber y cocinar con el agua del pozo filtrado. Muchos de los lugareños todavía prefieren el sabor del agua del río cercano (impuro).

Desafortunadamente, no hay datos disponibles sobre los resultados de salud obtenidos de estos 67 sistemas de agua.

Sistema de agua #2 en Myanmar del Club Rotario de Los Ángeles

CAPÍTULO 16-8

ROTARY INTERNATIONAL

www.rotary.org

(Consulte el Estudio de caso 16-6 para obtener una descripción completa de Rotary International).

FUNDACIÓN ROTARIA

https://www.rotary.org/en/about-rotary/rotary-foundation

(Consulte el Estudio de caso 16-6 para obtener una descripción completa de la Fundación Rotaria).

ESTUDIO DE CASOS

ISLA REMBA, KENIA

El proyecto de agua limpia y segura que se construyó en la isla de Remba fue administrado por los Clubes Rotarios de Nakuru, Kenia y Olympia, WA, así como por el Club Rotario de San Francisco #2.

La isla de Remba es una pequeña isla (0,35 km^2) ubicada en el lago Victoria, Kenia, con aproximadamente 10.000 habitantes. Como la isla es principalmente roca sólida, los residentes dependen de la pesca del lago Victoria como su principal fuente de alimento.

Isla Remba, Kenia

Como había pocas instalaciones de saneamiento, la gran mayoría de los que vivían en la isla de Remba practicaban la defecación al aire libre. La lluvia hizo que todos los desechos humanos de la defecación al aire libre escaparan al lago circundante. Además, todos los desechos de los inodoros se infiltraron en el agua subterránea a través de fracturas en la roca. Esto resultó en una severa contaminación del lago Victoria, la única fuente de agua o la isla con bacterias fecales. Además, un tercio de la población adulta de la isla sufre de VIH.

Partners in Community Transformation, financiado por la Universidad de California en San Francisco, construyó una clínica en la isla para tratar a los residentes afectados por el VIH; sin embargo, el gobierno de Kenia no proporcionará personal a la clínica hasta que se le suministre agua limpia y segura. Rotary International patrocinó un proyecto pensando en este objetivo.

En enero de 2011, los rotarios de los clubes de Nakuru, Kenia, San Francisco y otros visitaron la isla para una evaluación preliminar, y se reunieron con los líderes de la isla para discutir soluciones. Basados en estas discusiones, se diseñó un sistema de filtración con la capacidad de proporcionar agua limpia y segura a los 10.000 residentes de la isla.

El sistema de agua de la isla de Remba en Kenia.

El objetivo de este sistema era producir 10 litros de agua por persona por día (100.000 litros en total por día), para ser distribuidos desde los quioscos.

El sistema bombea agua contaminada con bacterias fecales del lago Victoria utilizando una bomba centrífuga sumergida en el lago. El agua cruda se almacena en un contenedor de 10.000 litros elevado a 4,6 metros sobre el nivel del suelo. Luego, el agua almacenada fluye por gravedad a través de cinco filtros de membrana SkyHydrant de 0,04 micras, fabricados por SkyJuice, una ONG australiana.

(Para obtener más información sobre SkyJuice, consulte el Capítulo 3.2: Filtros de membrana). https://www.skyjuice.org.au/

El agua tratada se almacena en tres contenedores de agua limpia, cada uno con una capacidad de 10.000 litros, antes de ser entregados y distribuidos desde tres quioscos alrededor de la isla. El agua tratada se vende a un costo de 50 chelines kenianos ($ 0,50 USD) por 20 litros. Los fondos se utilizan para mantener el sistema.

Filtros de agua de membrana SkyHydrant en la isla de Remba, Kenia.

El sistema de agua limpia y segura costó $ 165.000 USD y fue financiado por la Fundación Rotaria y los Clubes Rotarios de Olympia, WA, San Francisco, CA y Dallas, TX. El sistema de tratamiento de agua se completó en mayo de 2013, y durante ese día, se proporcionó agua de forma gratuita a los habitantes de la isla. Fue algo increíble, con cientos de mujeres que venían de toda la isla, trayendo sus contenedores de agua de 20 litros, llenándolos en el quiosco, llevándolos a la cabeza y alejándose con grandes sonrisas.

Aunque el agua se almacenó en tres tanques de 10.000 litros, el uso diario total rara vez ha sido de más de 10.000 litros diarios. La razón de este bajo uso es el hecho de que hay agua más convenientemente ubicada y libre (contaminada) disponible directamente del lago.

Un tercer quiosco ubicado en el centro se instaló en 2018, lo que aumentó el uso del agua tratada. Además, se han construido dos grandes letrinas EcoSan, cada una de las cuales contiene cinco baños.

Desde nuestra primera visita en enero de 2011, la isla de Remba ha experimentado algunos cambios notables. Una torre celular muy alta ahora permite a los isleños acceder al mundo con sus teléfonos celulares. Además, han surgido muchos negocios, incluidos restaurantes, una sala de cine y numerosas tiendas.

La calidad del agua y la higiene en la isla de Remba continúan mejorando. La isla ahora es libre de defecación al aire libre (ODF por sus siglas en inglés). Este hecho, junto con una mejor higiene y un mayor uso continuo de agua limpia, ha resultado en una disminución del 75% en la incidencia de diarrea en la isla.

Aunque el lago circundante tiene una lectura de *E. coli*> 100 MPN/100 ml (el número más probable), el quiosco n.° 1 y n.° 3 tienen lecturas de <1,0 MPN/100 ml, mientras que el quiosco n.° 2 tiene una lectura de <2 MPN/100 ml. Estos datos indican que el sistema de filtrado de membrana está funcionando bien.

CAPÍTULO 16-9

Rotary Club de Santa Mónica, Catholic Relief Services y Azure SA

(Este estudio de caso es una asociación entre el Club Rotario de Santa Mónica, Catholic Relief Services y Azure SA)

Club Rotario de Santa Mónica

https://www.rotaryclubofsantamonica.org/

El Rotary Club de Santa Mónica, constituido en 1922, es uno de los clubes rotarios más grandes y activos del área metropolitana de Los Ángeles. Con más de 120 líderes empresariales y profesionales que viven o trabajan en la comunidad, el club siempre ha gozado de la reputación de ser el centro para hombres y mujeres dedicados a mejorar sus comunidades locales y mundiales.

Servicios Católicos de Socorro

https://support.crs.org

Los Servicios Católicos de Socorro (CRS por sus siglas en inglés) es la agencia humanitaria internacional oficial de la comunidad católica en los Estados Unidos, que trabaja en 114 países de todo el mundo. Proporciona programas de trabajo de ayuda y desarrollo en respuesta a emergencias, VIH, salud, agricultura, agua, educación, microfinanzas y consolidación de la paz.

La CRS destina el 94% de sus fondos para programas, con un 6% destinado a recaudación de fondos, administración y gastos generales. Está calificado en A+ por Charity Watch y 4 estrellas por Charity Navigator.

En el siguiente estudio de caso, que es un proyecto de agua limpia en El Salvador, CRS desempeñó un papel importante en la planificación y diseño de los sistemas de agua para las aldeas.

Azure SA

http://www.azure.com.sv/

Azure es una empresa social salvadoreña con dos actividades principales, una en servicios técnicos y la otra en capital de origen.

Los servicios técnicos de Azure Technical abarcan servicios de diseño e ingeniería para proyectos de agua y saneamiento. También capacitan a operadores y técnicos y apoyan el Centro para la Formación de Proveedores de Servicios Rurales de Agua (WSP) de la agencia nacional del agua. Están subsidiados por subvenciones de Catholic Relief Services, Clubes Rotarios y otras organizaciones.

Azure Source Capital es un establecimiento financiero que ofrece préstamos para Programas de agua y saneamiento (PAS) en pequeñas ciudades y comunidades rurales en toda América Latina.

Azure comenzó en El Salvador a mediados de 2015. Desde entonces, la CRS ha contribuido con $ 340.000 USD en subvenciones para subsidiar los servicios técnicos de Azure, que ha movilizado $ 300.000 USD en capital de préstamo y ha asegurado $ 650.000 USD en costos compartidos de las comunidades y los gobiernos municipales. La combinación de apoyo técnico y capital financiero ha permitido a los WSP reparar y expandir los sistemas de agua en 18 comunidades, beneficiando a más de 15.000 familias (75.000 personas) con servicios de agua mejorados.

ESTUDIO DE CASOS

El Salvador

El Salvador es un país de 6,4 millones de personas. Alrededor del 25% de las familias pobres en El Salvador no cuentan con servicios de agua corriente en sus hogares, lo que significa que dependen del agua entregada por camiones para llenar tanques (barriles y cisternas) o para recogerla en los puntos públicos de agua. Otros sufren de suministros de agua que no son confiables en el servicio o la calidad. Se trata de menos del 10% de las aguas residuales en El Salvador, lo cual es una amenaza importante para las personas y el medio ambiente. Los que sufren más por los servicios de agua y saneamiento deficientes son las mujeres y las niñas, quienes soportan la mayor carga de recolectar agua y están más expuestas al agua contaminada en los arroyos cuando recolectan agua y lavan la ropa.

Las causas subyacentes de los servicios de agua y saneamiento deficientes son una infraestructura incorrecta, servicios ineficientes y la falta de habilidades comerciales para administrar de manera efectiva los sistemas entre los proveedores de servicios de agua. Los sistemas ineficientes de agua y saneamiento sufren una espiral descendente; a medida que los usuarios se niegan a pagar por servicios de baja calidad, empeoran porque los operadores del sistema de agua carecen de los fondos para reparar los sistemas.

Desde 2017, el Club Rotario de Santa Mónica, a través de su Comité de Servicio Comunitario Mundial (WCSC), ha proporcionado $ 20.000 USD para financiar proyectos de agua en El Salvador.

Una versión más grande de este proyecto se completó en 2018, en la que una subvención de $ 40.000 USD del Rotary Club de Santa Mónica consiguió $ 177.000 USD más del gobierno municipal, una contribución de Catholic Relief Services y un préstamo a bajo interés a través de bancos locales.

El Club Rotario de San Salvador Sur trabajó con Azure SA en el terreno en El Salvador para proporcionar líneas principales de agua, tanques de almacenamiento, ayuda con la supervisión de ingeniería y construcción y capacitación de locales en operaciones y mantenimiento. La comunidad atendida es Santa Catarina Masahuat, un municipio con una población de aproximadamente 10.500 personas clasificadas como extremadamente pobres.

Construyendo un sistema de agua en El Salvador.

En 2019, el Club Rotario de San Salvador Sur (Distrito 4240) y el Club Rotario de Santa Mónica (Distrito 5280) presentaron una Subvención Global (GG # 1982745), que fue financiada por la Fundación Rotaria en octubre de 2019. Esta subvención global proporciona $ 107.838 USD de fondos para las comunidades de Guayapa Abajo, Santa Cruz Michapa y El Zarzal.

Esta Subvención Global de la Fundación Rotaria es parte de un programa más amplio en asociación con Catholic Relief Services para expandir y rehabilitar los servicios de agua en ciudades secundarias, áreas periurbanas y comunidades rurales. El programa hace esto apoyando a los proveedores de servicios de agua del gobierno con servicios técnicos y mejoras físicas en sus sistemas. Todos estos grupos son de propiedad y operación local de las comunidades a las que sirven. Son municipios, asociaciones comunitarias de agua y asociaciones de desarrollo comunitario.

Un tanque de almacenamiento de agua en El Salvador.

La Subvención Global de la Fundación Rotaria proporciona alrededor del 25% de los fondos para los proyectos en las tres comunidades. Esto reducirá el costo general para las comunidades y, por lo tanto, reducirá los costos para los hogares individuales, haciendo que el proyecto sea más factible y sustentable.

El programa incluye la instalación de micromedidores de agua para generar ingresos. Los préstamos bancarios se pagarán con los ingresos de los medidores de agua domésticos.

Guayapa Abajo

La Subvención Global financia la ampliación del sistema de agua potable para la comunidad ubicada en Jujutla, Ahuachapán. Actualmente, hay 1.086 familias en la comunidad, de las cuales solo 786 reciben un servicio de agua racionado. Con la Rotary Global Grant, la comunidad está agregando un nuevo pozo, bomba y línea principal para llegar a las 300 familias restantes y aumentar el suministro para las familias que ya están conectadas.

Santa Cruz Michapa

La Subvención Global financia la mejora y expansión del sistema de agua para 975 familias que reciben agua del Sistema de Agua Manantiales de Cuscatlán en Santa Cruz Michapa, Cuscatlán. Actualmente, solo 850 reciben agua en sus hogares. La comunidad ha invertido en un nuevo pozo con una nueva fuente (Pepeto) para las 125 familias restantes. Con Rotary Global Grant, la comunidad podrá completar la línea principal desde el pozo o estación de bombeo hasta el sistema de distribución del hogar.

El Zarzal

La Subvención Global Rotaria financia la mejora del sistema de agua potable para 286 familias en Santo Domingo de Guzmán, Sonsonate. La comunidad está agregando una fuente de agua recién identificada de un manantial, porque la fuente existente no es adecuada. Instalará el sistema de recolección del resorte y las tuberías que conectarán el nuevo resorte a la línea principal existente.

CAPÍTULO 16-10

FUNDACIÓN RYAN'S WELL

www.ryanswell.ca

La historia de Ryan's Well es notable. Comenzó en 1997, cuando Ryan Hreljac, de seis años, de Kemptville, Ontario, Canadá, se enteró en su clase de primer grado de que muchas personas en África estaban experimentando dificultades para acceder al agua potable. Hreljac comenzó a recaudar dinero para ayudar a los afectados por la crisis del agua haciendo tareas domésticas, ganando $ 70 USD durante cuatro meses.

A partir de ahí, Ryan realizó más tareas y actividades de divulgación, recaudando $ 2.000 USD en los siguientes 12 meses, el costo de construir un pozo. En enero de 1999, envió el dinero a la organización canadiense sin fines de lucro llamada WaterCan. Después de dos años más, Ryan recaudó $ 61.000 USD y apareció en *The Oprah Winfrey Show*.

Otro aspecto notable de la historia de Ryan involucró a Jimmy Akanna, el primer amigo por correspondencia de Ryan que vivió en Uganda. Los padres de Jimmy desaparecieron durante la guerra civil de ese país. Su tía asumió la responsabilidad de criarlo. A menudo se levantaba a medianoche para poder buscar agua para su tía antes de la escuela.

Ryan y Jimmy se conocieron durante la visita de Ryan en 2000 a la Escuela Primaria Angla en Uganda, donde se perforó el primer pozo que financió. Jimmy fue secuestrado más tarde por un grupo rebelde, el Ejército de Resistencia del Señor, y posteriormente escapó a la casa de un trabajador humanitario. La familia Hreljac pagó la educación de Jimmy durante un par de años y luego lo trajo a Canadá. La familia de Ryan adoptó formalmente a Jimmy, y se convirtió en ciudadano canadiense en 2007.

En 2001, cuando Ryan tenía 10 años, lanzó oficialmente la Fundación Ryan's Well (RWF por sus siglas en inglés), una

El fundador de la Fundación Ryan's Well, Hreljac, con niños en África.

organización benéfica registrada dedicada a la construcción de pozos en África o en cualquier otro lugar en el que sean necesarios en el mundo.

Ahora con 28 años, Hreljac y su grupo han llevado agua limpia a casi un millón de personas en 26 países en desarrollo a través de unos 1.200 proyectos de agua y saneamiento, que abarcan áreas como Togo, Haití, Guatemala, Guyana, India, Lesotho, Malawi, Nigeria, Tanzania, Zambia y Zimbabwe.

Ryan's Well, una película documental de 2001 cuenta la historia del primer pozo de Hreljac.

Dice Hreljac: "Cuando tienes pasión e invitas a otras personas comunes a unirse, te conviertes en una comunidad. Una comunidad de gente común puede hacer cosas extraordinarias".

ESTUDIO DE CASOS

San Felipe Del Progreso, Estado de México

https://www.ryanswell.ca/cause/mexicorainwater-harvesting-tanks-for-mazahua-communities/

La Fundación Ryan's Well recaudó apenas $ 47.000 USD al unirse con dos socios mexicanos, YZ Proyectos de Desarrollo y ProMazahua, en la construcción de treinta y cuatro tanques de recolección de agua de lluvia de 15.000 litros con filtros. Proporcionó agua potable a unas 700 personas en total.

La disponibilidad de agua limpia en México ha sido durante mucho tiempo un problema que ha empeorado en los últimos años. Sin el acceso de los hogares al agua corriente, muchas familias se ven obligadas a transportar agua de los ríos cercanos, a menudo llenos de patógenos. Pero gracias a la Fundación Ryan's Well, 34 familias mazahua ya no necesitan preocuparse por la contaminación del agua.

El proyecto empezó en 2018 y se completó en 2019. Las comunidades beneficiarias se organizaron y se capacitaron en educación WASH, con las familias más vulnerables (es decir, aquellas con niños pequeños o personas con discapacidad) seleccionadas para recibir capacitación.

Akutreso y Seidukrom en el Distrito Central Amansie, y Atweneboana en el Distrito Sur Adansi, Suroeste de Ghana

https://www.ryanswell.ca/cause/ghana-water-wash-for-2-healthmaternity-centres-and-a-community/

Ryan's Well vino en ayuda de la nación africana de Ghana, en el Golfo de Guinea. Alrededor de dos tercios del país está cubierto por una sabana, y el país es en su mayoría llanuras planas con pocos ríos. Debido en gran medida al terreno, unos 22 millones de ghaneses carecen de agua potable y saneamiento adecuados, lo que lleva a brotes de diarrea y desnutrición.

En asociación con el grupo local Dawn of a New Age (DONA), RWF instaló dos pozos profundos junto con grifos de distribución

Niños en el suroeste de Ghana.

y estaciones de lavado de manos en un par de clínicas de salud o maternidad. Uno, en Akutreso, atiende a unas 16.000 personas anualmente. El segundo, en Atweneboana, atiende a más de 14.300 personas cada año. Juntos, ayudan a más de 30.000 personas en 56 aldeas cercanas.

Además, se instaló un pozo en la comunidad de Seidukrom, que impactó directamente a unos 357 habitantes. La capacitación WASH también se incluyó para las tres comunidades. El proyecto se completó en 2019. Costo total: Un poco menos de $ 40.000 USD.

Fundación Ryan's Well: Distritos de Alebtong y Lira, norte de Uganda

https://www.ryanswell.ca/cause/uganda-20-wells-for-communities-in-northern-uganda/

Junto con Divine Waters Uganda, socios de Ryan's Well desde 2003, y cofinanciador Sustain for Life, RWF recaudó casi $ 250.000 USD y completó un proyecto de cinco años en 2019.

Las organizaciones perforaron pozos para 20 aldeas del norte de Uganda y proporcionaron organización comunitaria, planificación y capacitación del equipo de gestión del agua, capacitación en WASH, capacitación de una docena de nuevos mecánicos de bombas en el distrito de Lora, pruebas de calidad del agua, monitoreo mensual y talleres.

Como resultado de esta instalación, unos 5.400 aldeanos tuvieron acceso a agua potable por primera vez.

CAPÍTULO 16-11

The SkyJuice Foundation Inc.

https://www.skyjuice.org.au/

La Fundación SkyJuice es una organización sin fines de lucro con sede en Sydney, Australia. Fue incorporado en 2005 por Rhett Butler, quien anteriormente tenía más de 20 años trabajando en la industria de filtros de membrana con sistemas de membrana municipales e industriales.

Desde su inicio, SkyJuice ha colocado más de 6.800 instalaciones de agua segura en 72 países de todo el mundo, proporcionando agua limpia a más de 800.000 personas. El sistema de membrana de gravedad (pasiva) de SkyJuice está patentado. Sus socios incluyen 48 organizaciones no gubernamentales importantes, incluidas Rotary International, Oxfam, Siemens Stiftung, World Vision, UNICEF y la Cruz Roja Internacional.

Además, SkyJuice trabaja en estrecha colaboración con el Centro de Ciencia y Tecnología de Membranas de la UNESCO en la Universidad de NSW en Sydney, Australia.

Es la opinión de este autor que la Fundación SkyJuice es una de las organizaciones más productivas en el negocio de suministrar agua limpia a las naciones en desarrollo a nivel mundial. Su trabajo implica el diseño, fabricación e instalación de sistemas de membrana de ultrafiltración por gravedad.

Productos

SkyJuice ha sido pionero en varios productos de membrana pasiva a lo largo de los años. Estos incluyen:

SkyHydrant

Su producto más exitoso y ampliamente utilizado es el SkyHydrant. Contiene un exclusivo sistema de ultrafiltración de membrana de 0,04 micras, que eliminará todas las bacterias, protozoos, quistes, helmintos y los niveles más altos de turbiedad. El filtro tiene una capacidad significativa de eliminación de sólidos y mantiene una excelente velocidad de flujo, que generalmente es de 500 a 700 litros/minuto. El SkyHydrant está disponible en dos modelos. La unidad estándar (MAX) entrega nominalmente 10.000 litros/día, y la versión más pequeña (GEM) produce 5.000 litros/día.

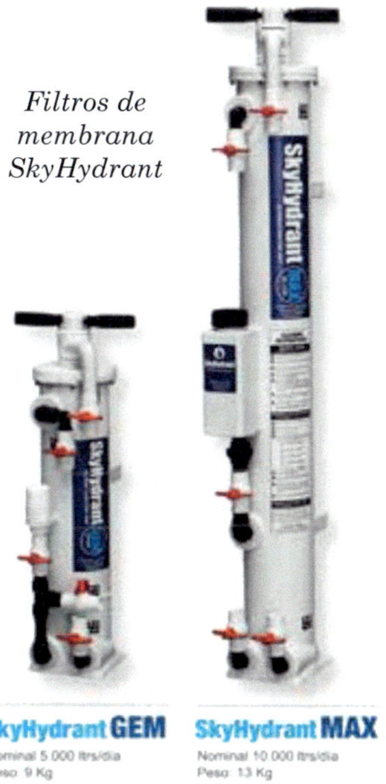

Filtros de membrana SkyHydrant

Si se mantiene correctamente de acuerdo con las instrucciones, la vida útil de la membrana debe ser de aproximadamente 10 años. El sistema de retro lavado está integrado en la carcasa del alojamiento del filtro, y los usuarios pueden ser entrenados fácilmente en su uso. El procedimiento de retrolavado se llama "agitar y lavar", y se describe en los manuales de SkyHydrant. El SkyHydrant cuesta $ 2.950 USD en la fábrica de SkyJuice en Australia. La electricidad solo se requiere a través de una red eléctrica o un panel solar fotovoltaico para llenar un tanque de alimentación. Luego, la unidad funciona sin energía ni productos químicos en un modo de filtración pasiva bajo una presión de cabeza muy baja. El cabezal típico es de 1 a 3 metros.

Cinco de los SkyHydrants se instalaron en la isla de Remba, Kenia. (Ver Capítulo 16-8.)

El modelo Squirt

El modelo Squirt está dirigido a grupos comunitarios más pequeños y generalmente produce 500 litros/día. Consiste en una bolsa colgante que se puede colgar de un árbol. Un tubo se conecta al filtro de membrana de 0,04 micras. El agua cruda se vierte periódicamente en la bolsa, o se puede conectar a un tanque de cabecera. El agua fluye por gravedad hacia abajo a través del filtro de membrana hasta un recipiente de agua limpia. No se requiere electricidad. La limpieza se realiza nuevamente a través del diseño exclusivo de "sacudir y lavar".

Un filtro de membrana SkyBox de 0,04 micras.

El SkyBox

El SkyBox es un sistema completo de emergencia de filtración que se entrega en una caja de emergencia autónoma e incluye un conjunto de bomba Honda y todas las conexiones para una implementación de respuesta rápida. Utiliza el mismo sistema de membrana de ultrafiltración SkyHydrant GEM de 0,04 micras. El conjunto de la bomba puede ser diesel o gasolina.

Quioscos de agua segura

SkyJuice también ha establecido y empaquetado Quioscos de Agua Segura, que puede proporcionar agua segura para toda una población de entre 500 y 1.000 personas. Este sistema de quiosco prefabricado tiene un diseño estándar y es aplicable para múltiples ubicaciones. Puede entregar entre 500 y 1000 litros/hora de agua limpia y segura. La electricidad se debe proporcionar solo para el suministro de agua de alimentación, a través del suministro de red local o el panel solar fotoeléctrico.

En asociación con Siemens Stiftung, SkyJuice ha instalado más de 20 de estos sistemas en Kenia, Uganda, Tanzania, Vietnam y Colombia. El costo fue de aproximadamente $ 25.000 USD cuando se entregó a Kenia. https://www.siemens-stiftung.org

CAPÍTULO 16-12

UNICEF USA

https://www.unicefusa.org

El Fondo de Emergencia de la Infancia de las Naciones Unidas (UNICEF por sus siglas en inglés) se estableció el 11 de diciembre de 1946, con sede en la ciudad de Nueva York, con la misión de proporcionar alimentos, ropa y atención médica a los niños europeos que sufrieron la devastación de la Segunda Guerra Mundial.

La organización fue creada con un propósito distinto: "Trabajar con otros para superar los obstáculos que la pobreza, la violencia, la enfermedad y la discriminación ponen en el camino de un niño", según su mandato. Su trabajo se lleva a cabo en más de 192 naciones y territorios a través de programas y comités nacionales.

UNICEF salva la vida de los niños, defiende sus derechos y les ayuda a desarrollar su potencial, desde la primera infancia hasta la adolescencia.

Su equipo de agua, saneamiento e higiene (WASH) trabaja en más de 100 países en todo el mundo para proporcionar servicios de agua y saneamiento, así como prácticas básicas de higiene. En 2018, los trabajos de UNICEF proporcionaron agua limpia a casi 14 millones de personas y a más de 11 millones con inodoros básicos.

ESTUDIO DE CASOS

Región de Magway, Myanmar

https://www.unicef.org/stories/solar-pumps-bring-safe-water-families-myanmar

Mon Taw Village es una comunidad ubicada en el municipio de Paul, en la parte noroeste del país. La mayoría de las regiones de Myanmar reciben abundantes lluvias cada año, pero Magway, inusualmente, experimenta sequías regulares exacerbadas por el impacto del cambio climático.

Como resultado, el agua fresca de pozo a menudo solo está disponible a 100 metros o más bajo tierra, por lo que su acceso es un desafío. La grave escasez de agua limpia y segura, especialmente durante los meses de verano, es un problema constante.

En 2014, para ayudar a que el agua de pozo sea más accesible, UNICEF colaboró con el gobierno del estado de Myanmar para ayudar a la comunidad a asegurar un sistema de bomba de agua con energía solar. La aldea se unió para recaudar el 40% de los fondos para la compra y construcción del sistema.

La bomba de energía solar eleva el agua a un gran tanque de almacenamiento, que está montado en la parte superior de una torre. El agua almacenada es suficiente para garantizar un suministro durante todo el día. El agua fluye por gravedad a través de un sistema de tuberías directamente a los hogares.

El costo del sistema es de $ 1 USD por mes por hogar. Toda una ganga, incluso para Myanmar.

El pueblo de Mon Taw ahora es completamente autosuficiente para su propio suministro de agua. Es importante destacar que los aldeanos ahora tienen un fuerte sentido de propiedad debido a la inversión inicial de la aldea. Esta es una gran mejora del sistema anterior que dependía de una bomba manual poco confiable para satisfacer las necesidades de agua de la aldea,

En 2015 a 16, UNICEF Myanmar apoyó aún más la instalación de 15 nuevos sistemas de bombeo en todo el país, llegando a un estimado de 20.000 personas. La meta del gobierno es llegar al 70% de la población con agua corriente para 2030.

Bentiu, Sudán del Sur

https://www.unicef.org/stories/clean-water-returns-to-town-south-sudan

La Guerra Civil del Sur de Sudán, que comenzó en diciembre de 2013, dejó a casi 5,1 millones de sus ciudadanos más vulnerables sin acceso a agua limpia, segura y servicios básicos de saneamiento por muchas razones, entre ellas el hecho de que muchas bombas de agua sufrieron daños o quedaron disfuncionales. Este conflicto en curso obligó a la gente a comprar agua insegura.

Este fue el caso en la ciudad de Bentiu, cuya planta de tratamiento de agua fue víctima de la mortal acción. Dejó a unos 300.000 niños sudaneses gravemente desnutridos y susceptibles a enfermedades transmitidas por el agua como diarrea y cólera.

Sin embargo, en Bentiu en 2017, UNICEF y sus socios rehabilitaron y mejoraron las instalaciones de tratamiento de la ciudad a través de una iniciativa financiada por la Agencia de los Estados Unidos para el Desarrollo Internacional. El sistema de agua se hizo completamente operativo, la planta producía unos 500.000 litros diarios de agua tratada segura. https://www.usaid.gov/

Esa agua se bombeó a 22 puntos de agua en toda la ciudad, incluidas las escuelas, las instalaciones de salud y las comunidades (incluida una bomba de agua cerca de Nyahok).

Una bomba de agua de UNICEF en África.

CAPÍTULO 16-13

GRUPO DE ACCIÓN ROTARIA DE AGUA Y SANEAMIENTO (WASRAG)

www.wasrag.org

WASRAG se formó en 2007 por un grupo de rotarios para centrarse en proyectos de agua, saneamiento e higiene (WASH). Desde entonces, el grupo ha facilitado cientos de empresas.

WASRAG fomenta un enfoque holístico e integrado en el que el agua no es el fin en sí misma, sino el medio para una vida mejor para quienes necesitan agua limpia y saneamiento en todo el mundo. Brinda apoyo humano, técnico y financiero a los clubes rotarios y distritos rotarios que buscan ayudar a

Una niña obtiene agua de un filtro de bioarena Hydraid.

las comunidades a obtener un acceso sostenible al agua, el saneamiento y la higiene.

ESTUDIO DE CASOS

DANLI, HONDURAS

A principios de 2011, recibí un correo electrónico de Ron Durham de WASRAG que decía que estaba reenviando un correo electrónico que había recibido de Dave Hataj, miembro del Club Rotario de Edgerton, Wisconsin.

Dave escribió que estaba en Danli, Honduras y que había encontrado "muchos filtros de agua que no funcionaban". Le pedí que me enviara una foto de los filtros. Cuando lo hizo, los identifiqué como Filtros de Bioarena CAWST Versión #9.

Pude dirigir a Dave a la página web de CAWST para que pudiera descargar los manuales de este filtro. Aparentemente, los filtros de bioarena fueron entregados a los hogares por una persona propietaria de una fábrica de filtros de bioarena en Danli. Fueron entregados sin la instrucción adecuada sobre cómo deberían ser utilizados y mantenidos.

Como resultado de este intercambio de correos electrónicos, contacté a un grupo de estudiantes universitarios

Estudiantes con un filtro de bioarena Hydraid.

de la Universidad de California en Berkeley que habían asistido a mi curso de seminario de primer año: "Proporcionar agua limpia y segura a los países en desarrollo", y los invité a viajar a Honduras durante sus vacaciones de primavera.

Llegamos a Tegucigalpa, la capital de Honduras, y fuimos recibidos por Dave y otros rotarios de Edgerton. Manejamos hacia el este durante tres horas hasta Danli y nos registramos en nuestro hotel.

Luego nos llevaron a la sede hondureña del Grupo de Recursos Mundiales, una ONG con sede en los Estados Unidos que administraba una escuela en una pequeña comunidad fuera de Danli, que tenía algunos de los filtros de bioarena que veníamos a evaluar. Los rotarios de Edgerton encontraron los filtros de bioarena a través de otro trabajo que estaban haciendo con el Grupo de Recursos Mundiales.

La Escuela Danli es única en que los escolares locales de todas las edades están invitados a asistir por la tarde, después de que su propia escuela haya terminado al mediodía. World Resources Group complementa la experiencia de aprendizaje de los estudiantes al orientarlos y capacitarlos para convertirse en líderes en sus comunidades. Actualmente atienden a más de 1.000 niños por año en múltiples comunidades en todo Honduras.

Los rotarios locales y visitantes habían ayudado a financiar la instalación de más de 7.000 filtros de bioarena durante un período de 10 años. En Danli, visitamos una fábrica de filtros de bioarena que tenía ocho moldes CAWST de la Versión #9 para que pudieran producir una cantidad similar de filtros de bioarena por día.

Ellos vendieron la caja de filtro de bioarena de hormigón, el tamiz y la grava lavada por $ 38 USD, lo que creíamos que era un precio razonable.

Durante este primer viaje a Honduras, los estudiantes de UC Berkeley instruyeron a un grupo de maestros hondureños en la escuela del Grupo de Recursos Mundiales sobre cómo instalar y mantener adecuadamente los filtros.

El autor con cinco estudiantes graduados de la U.C. en Berkeley en Danli, Honduras.

Dos años después, traje a cinco estudiantes graduados de habla hispana de la U.C. en Berkeley, quienes instruyeron a un grupo de maestros hondureños de la escuela del Grupo de Recursos Mundiales sobre cómo instalar y mantener un tipo diferente de filtro de bioarena llamado Hydraid. (Ver Capítulo 3.1.)

Los maestros aprendieron las complejidades de los filtros y cómo probar y ajustar los caudales del agua. La intención era que estos maestros pudieran capacitar a sus estudiantes y otros miembros de la comunidad para mantener los filtros, ya que tendrían el respeto de los miembros de la comunidad en su papel como maestros.

También visitamos a los residentes locales de Danli en sus hogares y observamos cómo usaron y mantuvieron sus filtros de

Danli, Honduras: estudiantes con certificados de competencia para el curso de filtros de bioarena.

bioarena. Recuerdo una visita en particular donde observamos una velocidad de flujo lenta, inspirando a un hombre en la casa a meter su mano profundamente en la capa de arena superior para eliminar cualquier bloqueo.

Este mismo hombre trajo una botella de lo que creíamos que era una solución de cloro y vertió un poco en el filtro. Esta experiencia sugirió que las personas necesitaban capacitación adicional para operar los filtros. Tenían que comprender la necesidad de evitar perturbar la biocapa superior cuando intentan mejorar la velocidad de flujo utilizando el enfoque de remolino y volcado, y que agregar cloro mataría las bacterias en la biocapa. (Ver Capítulo 3.1.)

La lección importante del estudio de este caso es que, para garantizar la sustentabilidad de cualquier sistema de agua, es esencial la educación sobre cómo usarlo y las visitas continuas a los sitios donde se utiliza el sistema.

CAPÍTULO 16-14

WATER.ORG

http://www.water.org

Gary White fundó originalmente WaterPartners International en 1990. El actor Matt Damon, quien fundó H2O África, se unió a White, y la fusión resultante en 2009 se renombró como Water.org. Su misión es proporcionar acceso a agua limpia y saneamiento en áreas de países en desarrollo que carecen de ello.

La organización sin fines de lucro ha llegado a unos 21 millones de personas hasta la fecha, con más de $ 1,7 mil millones de dólares en préstamos para agua y saneamiento donados a familias en Bangladesh, Brasil, Camboya, Etiopía, Ghana, India, Indonesia, Kenia, México, Perú, Filipinas, Tanzania y Uganda.

La organización implementa proyectos de agua en cuatro componentes estratégicos:

- Forjar asociaciones con organizaciones locales en los países a los que sirve.
- Involucrar a la comunidad en cada etapa del proyecto.
- Seleccionar tecnología apropiada para la comunidad local y cada situación particular.
- Proporcionar educación en salud e higiene como parte de cada proyecto.

Cada proyecto de Water.org se financia con subvenciones, préstamos o una combinación de ambos. Su programa de préstamos, WaterCredit, utiliza préstamos de microcrédito a familias individuales para brindar recursos hídricos y experiencia en consultoría a quienes más lo necesitan. Las subvenciones provienen de organizaciones como la Fundación PepsiCo, la Fundación Michael y Susan Dell y la Fundación Open Square.

ESTUDIO DE CASOS

Sur de Bhubaneswar, India

https://water.org/our-impact/all-stories/rehana/

Rehana y su familia viven en un pueblo a unas dos horas al sur de Bhubaneswar, cerca de la escuela primaria de la zona a la que asistieron sus hijos. Varias de sus hijas están casadas y tienen sus propios hijos, pero todas viven bajo el mismo techo.

Las casas en el pueblo son estructuras humildes hechas de paja, barro y concreto. Durante la mayor parte de su vida adulta, la casa de Rehana carecía de conexiones de agua y saneamiento. Mientras su esposo trabajaba y sus hijos asistían a la escuela, ella caminaba hasta seis horas diarias a una bomba de agua administrada por el gobierno para obtener agua para cocinar, lavar la ropa y bañarse.

Una aldea remota en Bhubaneswar, India.

Incluso en ese momento, el agua estaba disponible con poca frecuencia: disponible algunos días, no disponible en otros. En los días que estaba disponible, Rehana compraba el agua de un vendedor.

Pero a través de su banco local de microfinanzas, Rehana pudo obtener un préstamo, ofrecido por la socia de Water.org, Swiss Re Foundation, de 10.000 rupias indias, o alrededor de $ 145 USD, para pagar la construcción de una conexión de agua en su propiedad. https://www.swissrefoundation.org/

El préstamo fue pagado menos de dos años después, Rehana ya no está obligada a pasar la mayor parte del día tratando de encontrar agua limpia. En cambio, ella y sus hijos y nietos pueden llenar recipientes con agua a solo unos metros de su puerta principal.

Distrito de Wakiso, Uganda central

https://water.org/our-impact/all-stories/education-and-bright-futures-uganda/

Eden High es un internado en el distrito de Wakiso, en el centro de Uganda, con más de 500 estudiantes. Uno de sus mayores

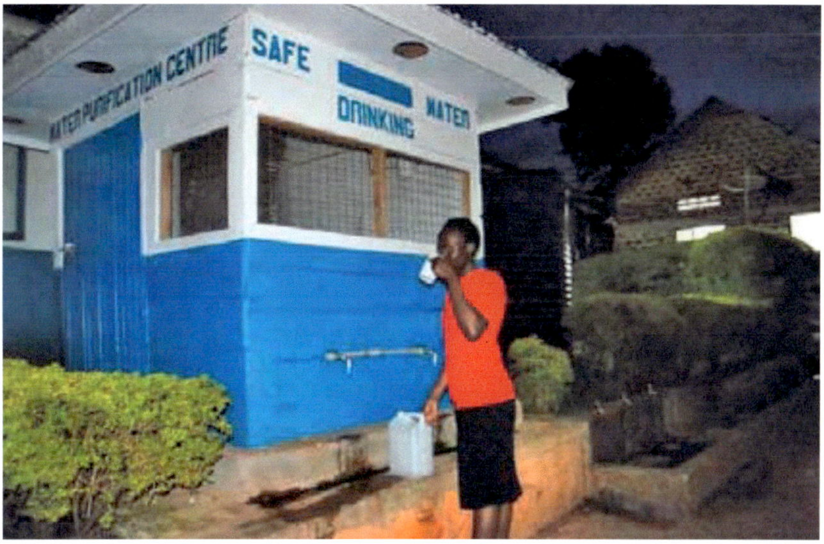

Una escuela secundaria en el centro de Uganda.

desafíos ha sido el acceso al agua potable, según la prioridad de su Director Principal, Moses Sizomu.

Los estudiantes y el personal recuperaron el agua del pozo de la escuela o de los estanques cercanos, los cuales a menudo estaban contaminados y eran fuentes de enfermedades. El personal a menudo intentaba hervir el agua antes de que los estudiantes la consumieran. Pero el gasto de la leña resultó prohibitivo, lo que requirió una solución más sostenible.

Sizomu hizo su misión de procurar tanques de almacenamiento de agua y grifos y un sistema de purificación. Se puso en contacto con Water.org y su socio de microfinanzas VAD (Acción voluntaria para el desarrollo) en busca de ayuda.

A través del programa WaterCredit, la escuela recibió la aprobación de un pequeño préstamo para financiar el proyecto de principio a fin. Tres veces por semana, se bombea agua del pozo existente a través del sistema de purificación, con el agua limpia almacenada en un tanque nuevo. Los estudiantes tienen agua limpia disponible para ellos según sea necesario.

Como señaló Sizomu: "El acceso al agua potable es el aspecto más crucial del funcionamiento de una institución. Todas las escuelas necesitan agua limpia cerca".

CAPÍTULO 16-15

Agua para Camboya

https://www.waterforcambodia.org/

Water for Cambodia se fundó en 2002 bajo la dirección del rotario Gunther Hausen, de Middletown, Rhode Island. El enfoque principal de esta ONG es proporcionar los filtros de bioarena CAWST Versión #9 a hospitales, escuelas, pueblos y hogares individuales en Camboya.

Water for Cambodia (WFC) proporciona un modelo exclusivo de cómo las ONG deberían proporcionar agua limpia a los países en desarrollo. Se enfocan en un solo país y tienen un solo producto: La versión #9 del filtro CAWST que fabrican en Camboya.

WFC proporciona el producto a un bajo costo, ya que están financiados por una serie de seguidores. Tienen un personal bien organizado en Camboya, un extenso programa de voluntariado y su propio laboratorio de tratamiento de calidad del agua. También están estrechamente relacionados con organizaciones locales y están capacitados para cumplir su misión.

Para el 2018, WFC había instalado más de 24.000 filtros de bioarena, con un promedio de 2.500 por año en siete de las 25 provincias de Camboya. Además, la ONG tiene un programa de alfabetización que ha resultado en que casi 3.000 estudiantes aprendan a leer y escribir.

Para filtrar agua, la WFC utiliza exclusivamente el filtro CAWST mencionado anteriormente (Ver el Capítulo 3.1). La WFC tiene 19 moldes y fabrica los filtros cinco días a la semana, dependiendo de la demanda.

Su financiación principal proviene de Rotary International y la Fundación Internacional de Singapur. Sin embargo, 25 patrocinadores adicionales que figuran en su sitio web proporcionan fondos adicionales, así como subvenciones privadas, donaciones y recaudaciones de fondos.

El autor con estudiantes de la U.C. en Berkeley en la sede de CAWST en Calgary, Alberta, Canadá.

La mayoría de los beneficiarios pagan $ 7 USD por un filtro, cada uno de los cuales le cuesta a la organización entre $ 60 y $ 80 USD, dependiendo de la distancia que necesita transportar el filtro y el nivel de prueba de agua y capacitación que se requiere. El tamaño y el lavado de la arena y la grava se basan en los criterios de CAWST. La sustentabilidad está asegurada por visitas frecuentes a los sitios donde se instalaron originalmente los filtros.

Sorprendentemente, la WFC tiene su propio laboratorio de análisis de agua, la única instalación de este tipo fuera del municipio de Phnom Penh. Este laboratorio prueba el efluente del filtro de bioarena y también realiza pruebas comerciales de agua.

Es muy inusual encontrar laboratorios de análisis de agua en países en desarrollo que se encuentran fuera de las principales ciudades.

ESTUDIO DE CASOS

Aldea de Cham Bork, Camboya

La Sra. Oeurm Vai, de 30 años, vive en Cham Bork Village con su esposo e hijos. Poseen una pequeña granja donde cultivan arroz y otros cultivos. Su casa está construida de bambú y paja.

Water for Cambodia proporcionó a esta familia un filtro de bioarena. Antes de obtener este filtro, la familia a menudo estaba enferma de diarrea, dolores de estómago y fiebre debido a la contaminación de su fuente de suministro de agua.

Para evitar estos problemas, tuvieron que hervir el agua, lo que requirió el uso de la madera como combustible. Desde que recibieron su filtro de bioarena, que fue proporcionado por WFC, rara vez están enfermos, ya no requieren agua hirviendo y disfrutan del sabor. (El filtro elimina el hierro del agua).

Además, los niños pueden llevar el agua a la escuela, asegurando un suministro continuo de agua limpia durante todo el día. La familia usa el agua filtrada con bioarena para beber, cocinar y lavar la ropa. (Del informe anual 2016 de WFC).

Historia familiar

La Sra. Choun Heng vive con su esposo, su padre y dos hijas pequeñas. Ella y su esposo trabajan como granjeros. Antes de que la familia recibiera su filtro de bioarena, estaban enfermos de diarrea, fiebre y vómitos cuatro o cinco veces al mes. Esto significó viajar 3 km para recibir tratamiento médico a un costo enorme para la familia en tiempo y dinero. También era necesario que recogieran leña para hervir el agua antes de beber, lo que consumía mucho tiempo.

Después de recibir el filtro de bioarena, que fue provisto por Water for Cambodia, la familia ha estado sana. Los niños llevan botellas de agua filtrada a la escuela todos los días, lo que les proporciona un suministro continuo de agua limpia. (Del informe anual 2015 de WFC).

CAPÍTULO 16-16

WATER MISSION

www.watermission.org

Water Mission (WM) es una ONG sin fines de lucro ubicada en North Charleston, SC. Fue cofundado como Water Missions International (WMI) por el Dr. George Greene III y su esposa Molly en 2001. Water Missions tiene una calificación de cuatro estrellas de Charity Navigator.

Solo en 2017, WM instaló 2.300 sistemas de agua segura y 18.000 letrinas en nueve países. Cuenta con una impresionante junta directiva, patrocinadores corporativos y casi 50 miembros del personal que trabajan en 10 países, con un presupuesto anual que supera los $ 20 millones de dólares.

Aunque Water Mission afirma que es un "Ministerio de Ingeniería Cristiana", también tiene el mandato de "servir a todas las personas independientemente de su edad, sexo, raza o fe".

El Dr. Greene es un ingeniero químico cuya experiencia y conocimiento lo llevaron al desarrollo del primer producto de WM: El sistema de tratamiento de agua viva (LWTS por sus siglas en inglés).

El LWTS es una planta de tratamiento de agua patentada y reducida que trata el agua en cuatro etapas:

1. El uso de alumbre (sulfato de aluminio y potasio hidratado) para la eliminación de sedimentos.
2. Filtros de agua para la eliminación de patógenos.
3. Cloración, utilizando un clorador patentado que contiene tabletas de cloro.
4. Almacenamiento seguro en un tanque de almacenamiento de 1.000 litros.

El LWTS puede suministrar 38 litros/minuto, lo que significa que puede llenar un tanque de almacenamiento de 1000 litros en solo 26 minutos. Tiene una capacidad de retrolavado incorporada. El LWTS elimina el 99,9% de los patógenos con una calificación NTU de <1.

Además del LWTS, Water Mission ofrece los siguientes servicios:

1. La instalación de letrinas en países en desarrollo.
2. Selección de bombas y diseño solar para sistemas individuales de tratamiento de agua.
3. Tecnología de monitoreo remoto, que le permite a WM determinar si el sistema de agua limpia y segura funciona correctamente o no.
4. Kits de prueba de calidad del agua para el agua tratada.

Water Mission se dedica aún más a obtener datos de encuestas más precisos. Puede encontrar más información sobre el sistema de encuestas RESTORE deWM en: https://watermission.org/restore/

WM también está escribiendo las especificaciones técnicas y la guía para UNICEF sobre el bombeo de agua con energía solar.

Un quiosco de agua segura de Water Mission en Haití

Un sistema de Water Mission en Haití.

ESTUDIO DE CASOS

Lafiteau, Haití

La WM instaló un LWTS en Lafiteau, Haití, una comunidad de 7.000 personas, en 2014. En la instalación se incluyó una torre de agua y un sistema de distribución, que permitió que el agua se suministrara a toda la comunidad.

Los líderes de la comunidad formaron un Comité de Agua Segura (SWC por sus siglas en inglés) para administrar el sistema de agua limpia y segura recientemente implementado. El personal de WM trabajó con el SWC para proporcionar capacitación en el funcionamiento del LWTS, su gestión financiera y su sostenibilidad a largo plazo.

Los costos iniciales de la instalación fueron cubiertos por WM; sin embargo, los costos operativos tuvieron que ser pagados por la comunidad misma. Esto se hizo mediante el cobro de una pequeña tarifa de uso de agua. Como se indicó en el Capítulo 14 sobre el marketing, incluso una pequeña participación financiera de la comunidad generalmente conduce a un mejor funcionamiento a largo plazo de la instalación de purificación de agua.

El SWC pudo recaudar y ahorrar suficientes ingresos para que, en un año, construyera una segunda torre de almacenamiento de agua para servir a las comunidades circundantes, aumentando así aún más sus ingresos.

El espíritu emprendedor local resultante siguió en poco tiempo. Como ejemplo, los propietarios del cercano restaurante Lafito Grill ahora compran agua limpia del SWC y la venden a un costo razonable para sus clientes.

Water Mission suministra agua limpia a Haití.

Capítulo 17

GUÍA DE RECURSOS

ONG ADICIONALES INVOLUCRADAS EN AGUA

Las siguientes son algunas ONG adicionales, en orden alfabético, que participan en el suministro de agua limpia a los países en desarrollo:

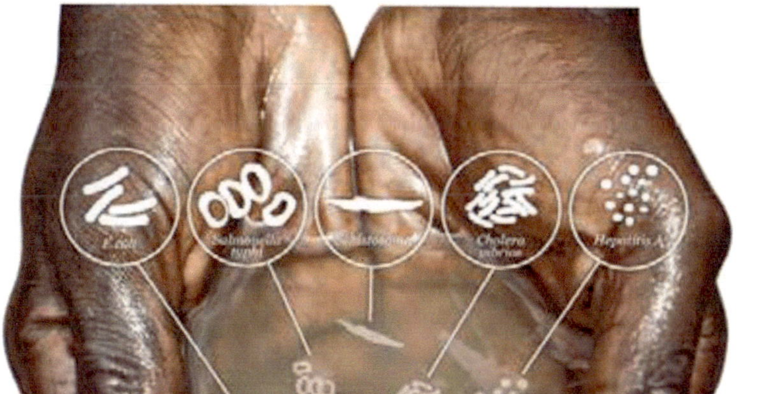

Parásitos, patógenos y bacterias de la página web de la Fundación Bright Water.

A Vision For Clean Water

www.avisionforcleanwater.org

Fundada en 2003 por Eileen y John Heasley, AVFCW es una organización sin fines de lucro completamente voluntaria que trabaja en Norte, Sur y Centroamérica, Asia y África para llevar tecnología de filtros biológicos y agua potable y saneamiento a comunidades rurales empobrecidas, y enseñar a otros cómo hacer lo mismo.

Bright Water Foundation

https://brightwaterfoundation.org/

La diferencia con BWF es el uso de un kit de prueba de agua portátil del Laboratorio de Microbiología (PML), que incluye 25 pruebas Colilert junto con tabletas de cloro. Proporciona un modelo para otras ONG y capacita a las comunidades de todo el mundo en su uso adecuado.

Catholic Relief Services

www.crs.org

Con sede en Baltimore, Maryland, CRS se asocia con gobiernos, organizaciones de la sociedad civil, el sector privado y grupos de investigación de todo el mundo, trabajando en programas de emergencia de agua en África, Asia, América Central, América del Sur, el Caribe y Europa para brindar asistencia a las personas con necesidad.

Disaster Aid Australia

www.disasteraidaustralia.org.au

Habiendo comenzado su vida en 2003 como un proyecto del Club Rotario de Endeavor Hills en Victoria, Australia, DAA es miembro de Disaster Aid International, una asociación de organizaciones con base Rotaria que brinda ayuda humanitaria. Aborda la crisis del agua bajo el lema de Agua segura para todos los niños, proporcionando SkyHydrants a escuelas y comunidades.

Ayuda humanitaria al agua de Desastres Ayuda Australia

EAWAG

El Instituto Federal Suizo de Ciencia y Tecnología Acuáticas

https://www.eawag.ch/en/

La EAWAG tiene su sede en Dubendorf, cerca de Zúrich y en Kastanienbaum, cerca de Lucerna, Suiza. Fundada en 1936, es un gran instituto de investigación multidisciplinario que se centra en tres áreas de investigación: el agua como base para la salud y el bienestar, el agua como factor esencial en el funcionamiento de los sistemas ecológicos y las estrategias para la mitigación de conflictos por el agua. La EAWAG tiene una serie de documentos y manuales importantes en su sitio web, incluido uno sobre la contaminación por arsénico y flúor.

Generosity.org

www.generosity.org

Generosity.org, desde 2007, ha financiado más de 800 proyectos en 20 países, ayudando a casi 500 millones de personas. Con sede en Valley Village, California, la Iniciativa de agua y saneamiento del grupo ha ayudado a construir proyectos sustentables de agua limpia, trabajando para poner fin a la crisis del agua limpia, promoviendo la educación y apoyando a las familias una comunidad a la vez.

Global Water 2020

www.globalwater2020.org

Global Water 2020 es una iniciativa de promoción y facilitación de tres años diseñada para acelerar el progreso hacia el acceso y la seguridad del agua para las personas en los países en desarrollo. Se centra en la falta de agua potable segura, saneamiento e higiene (WASH) en las instalaciones de atención médica en todo el mundo, así como en la diplomacia mundial y regional del agua en Oriente Medio y más allá.

Hope Of Life International

www.hopeoflifeintl.org

Comenzaron en un solo acre de tierra en Guatemala en 1989 por Cheryl y Carlos Vargas, HOLI (por sus siglas en inglés) financia e implementa proyectos de agua limpia en todo el mundo, más de

500 hasta la fecha. Piensan que la fisicalidad y la espiritualidad van de la mano y que ambas son esenciales para transformar generaciones de dependencia a independencia.

Potters Without Borders

www.potterswithoutborders.com

Fundada en 2006 en Columbia Británica, Canadá, PWB brinda asistencia gratuita a las nuevas y crecientes fábricas de filtros de agua de cerámica en todo el mundo. El grupo ayuda a conectar individuos y organizaciones que buscan formar parte de la comunidad de filtros de cerámica. También organiza que los técnicos brinden consultas en persona para la factibilidad, capacitación, configuración y solución de problemas de la fábrica.

Pure Water For The World

www.purewaterfortheworld.org

Un veterinario de la Marina construye una letrina en Honduras para Pure Water for the World.

Pure Water for the World, fundada en 1999 y con sede en Rutland, VT, ofrece soluciones sostenibles y efectivas de agua y saneamiento a las comunidades de Honduras y Haití. Hasta la fecha, ha llegado a más de 750.000 personas en más de 200 comunidades a través de equipos dedicados de capacitación y consultoría WASH.

Rotarian Action Group For Microfinance & Community Development

www.ragm.org

Como vehículo oficial de microfinanzas de Rotary International con enfoque en aligerar la pobreza, RAGM guía a sus aproximadamente 500 miembros y 1.500 listas de circulación por correo electrónico para obtener apoyo financiero para proyectos. Los miembros de RAGM también reciben apoyo para escribir artículos, historias y viñetas para su publicación.

WASRAG

Grupo de Acción Rotaria sobre Agua y Saneamiento

www.wasrag.org

WASRAG se formó en 2007 por un grupo de rotarios enfocados en proyectos WASH. Desde entonces, ha facilitado cientos de empresas, ayudando a los clubes a encontrar socios, asegurando la sustentabilidad y haciendo hincapié en la importancia de un enfoque orientado a las necesidades. Los enlaces a los boletines mensuales de WASRAG están disponibles en su página web.

Water For Good

www.waterforgood.org

Fundada por Jim Hocking en 2004, la misión de WFG es proporcionar "agua limpia y duradera para cada hombre, mujer y niño en la República Centroafricana". Su esperanza declarada es lograr ese alto objetivo para 2030, después de haber perforado más de 700 nuevos pozos de agua y rehabilitado más de 900 viejos u olvidados en los últimos 15 años.

Water for People

www.waterforpeople.org

Una organización sin fines de lucro internacional, el WFP trabaja en nueve países (Guatemala, Honduras, Nicaragua, Perú, Bolivia, Uganda, Ruanda, Malawi e India) para llevar agua potable y saneamiento a cuatro millones de personas. Su misión es crear un cambio sostenible a largo plazo, construyendo desde cero y de arriba hacia abajo.

WHO WASH

Organización Mundial de la Salud
Agua, saneamiento, higiene y salud

www.who.int/water_sanitation_health/en

La OMS, junto con UNICEF, produce estimaciones de progreso internacionalmente comparables sobre la calidad del agua potable, el saneamiento y la higiene (WASH por sus siglas en inglés) y es responsable del monitoreo global de los objetivos del Objetivo de Desarrollo Sostenible (ODS) relacionados con WASH. El grupo también tiene un breve boletín informativo por correo electrónico suscrito con actualizaciones periódicas sobre el mundo del agua, vinculado aquí: https://www.who.int/water_sanitation_health/en/

Wine to Water

www.winetowater.org

El fundador y presidente Doc Hendley ideó el concepto de Wine to Water mientras atendía bares y tocaba en conciertos en 2004 en Raleigh, Carolina del Norte. Para el 2007, ya estaba haciendo WtoW a tiempo completo, instalando sistemas de agua en África y trabajando para proporcionar H2O limpia para el mundo. Sus esfuerzos para financiar soluciones de agua en Nepal, República Dominicana, Colombia y África Oriental lo llevaron a ser nombrado un Top 10 de Héroes de CNN en 2009.

Un sistema de agua instalado por la Wine to Water Foundation.

FOLLETOS EN LÍNEA

La siguiente es una guía de boletines y folletos que presentan información sobre agua limpia a los países en desarrollo:

"Una Guía para Planes Equitativos de Seguridad del Agua: Asegurarse de que nadie se quede atrás"

https://apps.who.int/iris/bitstream/handle/10665/311148/9789241515313-eng.pdf?ua=1

Producido en conjunto con la OMS y sus Objetivos de Desarrollo de Seguridad (ODS), la guía intenta proporcionar propósito y alcance en los sistemas de abastecimiento de agua urbanos y rurales, ofreciendo orientación sobre la aplicación de un lente equitativo con el agua, planificando con seguridad los pasos y el diseño para fortalecer su efectividad.

"Progreso en el agua potable: saneamiento e higiene de los hogares 2000-2017"

https://www.who.int/water_sanitation_health/publications/jmp-2019-full-report.pdf?ua=1

Este es un proyecto conjunto entre la OMS y UNICEF, el informe de 71 páginas estima el crecimiento y el avance de los pasos dados para lograr mejoras en el agua potable, el saneamiento y la higiene durante el período del Objetivo de Desarrollo Sostenible entre 2000 y 2017, en previsión de la primera revisión cuadrienal de la Asamblea General de la ONU en septiembre de 2019.

"Sistemas de agua segura para el mundo en desarrollo: Un manual para implementar proyectos de tratamiento de agua y almacenamiento seguro en el hogar"

https://www.cdc.gov/safewater/manual/sws_manual.pdf

Este libro en línea de los Centros para el Control y la Prevención de Enfermedades destaca el tratamiento en el punto de uso del agua contaminada, con una solución de hipoclorito de sodio comprada localmente y producida en la comunidad, a partir de agua y sal usando una celda electrolítica.

INFORMACIÓN PARA VOLUNTARIOS

La siguiente es una guía para algunas organizaciones con las que los voluntarios pueden encontrar trabajo humanitario en países en desarrollo:

Sede Internacional de Voluntarios

www.volunteerhq.org

Orgullosamente destacada como la organización de viajes de voluntarios más confiable del mundo, IVHQ cuenta con más de 100.000 voluntarios desde 2007. Opera en más de 40 países en todo el mundo, en destinos tan diversos como Río de Janeiro, Phnom Penh y Nairobi.

Máximo Nivel

www.maximonivel.com/volunteers

Las principales oportunidades de voluntariado a través de Máximo Nivel incluyen la eco-agricultura y el desarrollo comunitario en Costa Rica, Guatemala y Perú. La organización también ofrece créditos académicos para voluntarios en el extranjero y programas de aprendizaje de servicio. Los nuevos programas de voluntariado comienzan todos los lunes durante todo el año.

One World 365

www.oneworld365.org

One World 365 ofrece oportunidades de voluntariado en el extranjero en más de 100 destinos, incluidos Bangladesh, Venezuela, Camboya, Qatar, India y la Amazonía, literalmente, toda la gama. Hay trabajos de construcción, desarrollo comunitario, conservación, ayuda a refugiados y más.

Oxfam Internacional

www.oxfam.org/en

Se pueden encontrar voluntarios de Oxfam en más de 90 países que cubren todos los rincones del mundo, desde Afganistán hasta Zimbabwe, tanto respondiendo a desastres como trabajando para terminar con la pobreza. Solo en 2015 y 2016, proporcionó a 5,4 millones de personas un mejor acceso al agua limpia.

Plan My Gap Year

www.planmygapyear.com

PMGY ofrece una increíble variedad de ubicaciones de voluntarios desde África a Asia a Europa, América Central y América del Sur. Se especializa en trabajar con comunidades locales en el mundo en desarrollo hacia objetivos sustentables en agua, medicina, cuidado de niños y más.

PROGRAMAS EDUCATIVOS UNIVERSITARIOS

Las siguientes son algunas universidades que ofrecen cursos que son útiles para aprender a trabajar en proyectos WASH en países en desarrollo:

Universidad de Carnegie Mellon

https://www.cmu.edu/ehs/Workplace-Construction/water.html y https://www.cmu.edu/metro21/projects/water-and-sewer/index.html

Carnegie cuenta con dos programas muy respetados, incluido un programa de gestión de la calidad del agua que estudia los problemas de salud derivados de la exposición al plomo y un proyecto de agua y alcantarillado que examina los sistemas anticuados de aguas pluviales, residuales y la amenaza que representan a los vecindarios y al agua potable.

Universidad de Cornell

https://www.engineering.cornell.edu/environmental-and-water-resources-systems-engineering

El programa integral de Ingeniería de Sistemas Ambientales y de Recursos Hídricos de la escuela guía a los estudiantes en la evaluación, planificación y operación de los recursos hídricos y sistemas ambientales.

Instituto de Tecnología de Georgia (también conocido como Georgia Tech)

https://ce.gatech.edu/category/environmental-technology-developing-world

La Escuela de Ingeniería Civil y Ambiental (CEE por sus siglas en inglés) tiene un programa de investigación del agua cuya investigación en el mundo real brinda a los estudiantes de pregrado el mejor campo de aprendizaje, y los graduados de la CEE son reconocidos por ser líderes en pensamiento a nivel de sistemas e innovación tecnológica.

Instituto de Tecnología de Massachusetts (MIT).

http://catalog.mit.edu/schools/engineering/civil-environmental-engineering/

MIT ofrece programas integrales en temas relacionados con el agua a través de su Departamento de Ingeniería Civil y Ambiental (CEE), así como un par de cursos a través de su D-Lab: "Agua, cambio climático y salud" y "Agua, saneamiento e higiene".

Universidad Tecnológica de Michigan

http://www.mtcws.mtu.edu/MTU_Water_Courses.html

Esta escuela cuenta con un Centro para el Agua y la Sociedad que puede ofrecer la gama más completa de cursos educativos hidrológicos en cualquier lugar, desde "Ingeniería de calidad de agua superficial" hasta "Transporte de sedimentos" y "Planificación y gestión de recursos hídricos".

Universidad Stanford

https://cee.stanford.edu/academics/graduate-programs

Ofrecido como parte del programa de posgrado de Stanford en Ingeniería Ambiental (EnvEng), presenta una disciplina de curso en Hidrología y Recursos Hídricos que incluye la larga tradición de colaboración de la universidad dentro y fuera de la escuela.

Universidad de California, en Berkeley

https://www.ce.berkeley.edu/programs/env/areas

El programa de Ingeniería Ambiental en Berkeley (el alma mater de este autor) ofrece cursos que abarcan todo: desde "Patógenos y Calidad del Agua" hasta "Ingeniería para la Mejora de la Calidad del Agua" y hasta "Agua Subterránea y Filtración".

Universidad de California, en Davis

https://www.ucdavis.edu/majors/hydrology/

Ofreciendo cursos de división inferior y división superior, el programa Davis en hidrología presenta estudios sobre gestión del agua, calidad del agua y la ocurrencia, distribución, circulación y comportamiento del agua en el medio ambiente de la Tierra.

Universidad de Illinois en Champaign/Urbana

https://cee.illinois.edu/areas/water-resources-engineering-and-science

El programa de Ingeniería y Ciencia de Recursos Hídricos (WRES por sus siglas en inglés) dentro de la escuela de Ingeniería Civil y Ambiental de Illinois ha sido un líder mundial durante más de medio siglo, ofreciendo títulos de licenciatura, maestría y doctorado, y educando a la próxima generación de ingenieros de recursos hídricos.

Universidad de Michigan

https://cee.engin.umich.edu/research/environment/

El programa de Medio Ambiente y Recursos Hídricos en Michigan tiene como objetivo abordar el impacto de las actividades humanas en el medio ambiente y diseñar sistemas para proporcionar agua segura, aire y tierra para la vivienda humana.

Escuela de Salud Pública de la Universidad de Carolina del Norte

https://sph.unc.edu/resource-pages/sph-departments/

La Escuela de Salud Pública Global de Gillings cuenta con un Departamento de Ciencias e Ingeniería Ambiental que se enfoca en la interfaz entre las personas y el medio ambiente. Incluye un programa interdisciplinario en recursos hídricos sustentables, que ofrece una Maestría en Ciencias en Ingeniería Ambiental.

Universidad de Texas en Austin

https://www.caee.utexas.edu/environmental

La Escuela de Ingeniería Cockrell en UT Austin incluye una gran cantidad de cursos para el aspirante a ingeniero ambiental, que abarcan áreas en Sistemas de Agua Sustentables (incluidos cursos en Química de la Contaminación del Agua) y Recursos Hídricos y Medio Ambiente (incluida la aplicación de principios químicos, biológicos y físicos en agua).

Universidad de Virginia

https://engineering.virginia.edu/departments/engineering-systems-and-environment

El aclamado departamento de Ingeniería Civil y de Sistemas de UVA cuenta con el profesor James A. Smith, quien ha creado un par de instalaciones de producción de filtros de agua de cerámica en Sudáfrica. También es el inventor de una nueva tecnología de tratamiento de agua, MadiDrop + (www.madidrop.com).

Instituto Politécnico de Virginia y Universidad Estatal (también conocido como Virginia Tech)

https://www.cee.vt.edu/ewr/water-and-waste-water-treatment-research/ and https://gobblerconnect.vt.edu/organization/vawglobalhealth

En el Departamento de Ingeniería Civil y Ambiental Charles E. Via, Jr., los estudiantes pueden especializarse en ingeniería ambiental y de recursos hídricos que se centra en la investigación del tratamiento de aguas y aguas residuales. También hay oportunidades para la investigación voluntaria en todo el mundo en filtración de agua, letrinas y sustentabilidad.

Universidad de Yale

https://seas.yale.edu/faculty-research/research-areas/water

Yale ofrece tanto una licenciatura en ciencias como una licenciatura en ingeniería ambiental. Este programa, encabezado por el Profesor de Ingeniería Química y Ambiental Menachem Elimelech, está a la vanguardia de los esfuerzos para desarrollar tecnologías sustentables y culturalmente apropiadas para la recuperación de agua de fuentes de baja calidad en el mundo en desarrollo.

Apéndice I

UNAS PALABRAS SOBRE HIDROLOGÍA

He trabajado para que este libro sea lo más sencillo posible, con un mínimo de material técnico, un libro que las personas sin preparación académica disfrutarán y del que aprenderán. Sin embargo, incluyo un apéndice sobre Hidrología e Ingeniería de Recursos Hídricos para ayudar al lector a realizar algunos cálculos en caso de necesidad.

Definición de la Hidrología

La hidrología se puede definir como el estudio de la ocurrencia y el movimiento del agua en la superficie y el subsuelo de la tierra.

El ciclo hidrológico

Cualquier discusión sobre hidrología debe comenzar con el ciclo hidrológico, como en la imagen de la siguiente página:

Los componentes principales del ciclo hidrológico son evaporación, precipitación, vertientes de aguas superficiales, infiltración en aguas subterráneas y depósitos. El principal almacenamiento se produce en la atmósfera, los océanos, la superficie de la tierra y el suelo.

Datos hidrológicos

Los datos hidrológicos necesarios para proporcionar agua limpia a los países en desarrollo son los del ciclo hidrológico. Los datos mensuales suelen ser suficientes. Si planea trabajar en cualquier área durante mucho tiempo, es posible que desee instalar un pluviómetro y una bandeja de evaporación de Clase A. Sin embargo, deberá capacitar a una persona local para recopilar los datos y mantener estos instrumentos. https://en.m.wikipedia.org/wiki/Rain_gauge y https://en.wikipedia.org/wiki/Pan_evaporation

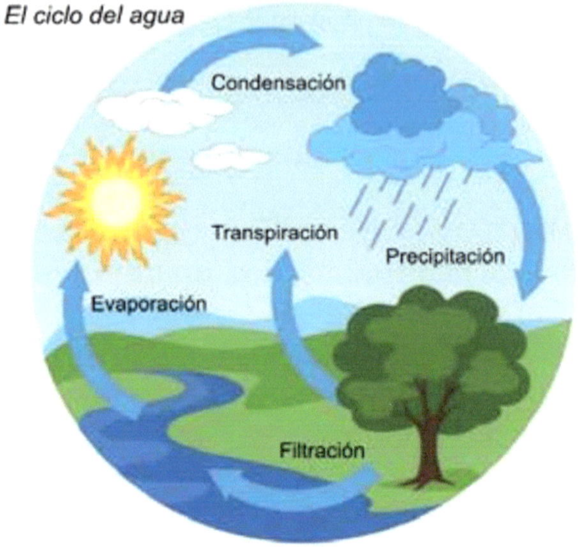

Estos datos serán valiosos para varias aplicaciones de ingeniería hidrológica y de recursos hídricos.

Los datos hidrológicos pueden ser difíciles de obtener en un país en desarrollo. Sin embargo, las agencias gubernamentales locales y regionales probablemente tendrán algunos datos útiles.

Hidrología de aguas de superficie

Cuando la lluvia cae sobre la superficie de la tierra, puede evaporarse o infiltrarse en el suelo. El exceso de agua que no se evapora ni se infiltra en el suelo se escapa sobre la superficie de la tierra. Esta vertiente también se conoce como flujo por tierra o aluvión. La cantidad de la vertiente puede ser muy variable debido a los cambios en la evaporación y la infiltración. La evaporación es una función de varios factores, que incluyen la temperatura del aire, la velocidad del viento, etc. Imagínese salir de una piscina y sentir frío a medida que el agua se evapora de su piel.

La infiltración varía con la cantidad de humedad en el suelo, la textura del suelo, la vegetación en el suelo, la pendiente del suelo, etc. Eventos similares de lluvia que ocurren cuando el suelo está seco o cuando está húmedo, pueden generar diversas vertientes y patrones (hidrogramas) durante las diferentes estaciones del año. El área geográfica que contiene este proceso se conoce como cuenca.

Hay preguntas sobre la hidrología de aguas superficiales y sus respuestas incluyen las siguientes:

¿Cuánta agua puedo esperar de la lluvia que cae sobre un techo?

Deberá responder a esta pregunta si planea construir un sistema de recolección de agua de lluvia. (Consulte el Capítulo 7, Selección de la fuente de agua dulce, para obtener una descripción de la recolección de agua de lluvia).

La cantidad de agua disponible desde un techo es simplemente el área del techo, convertida en una proyección horizontal, multiplicada por el nivel de lluvia. Le sugiero que use un cálculo mensual, por lo que necesitará saber la precipitación mensual promedio en el área y la cantidad de lluvia para cada mes del año.

Sin embargo, dado que la lluvia cae verticalmente, debe usar la proyección horizontal del techo inclinado. El área del techo inclinado es simplemente su ancho multiplicado por su longitud. Para encontrar la proyección horizontal, deberá determinar el ángulo del techo y luego encontrar su coseno. En cualquier triángulo rectángulo, el coseno de un ángulo es la longitud del lado adyacente dividido por la longitud de la hipotenusa. Vea la figura a continuación:

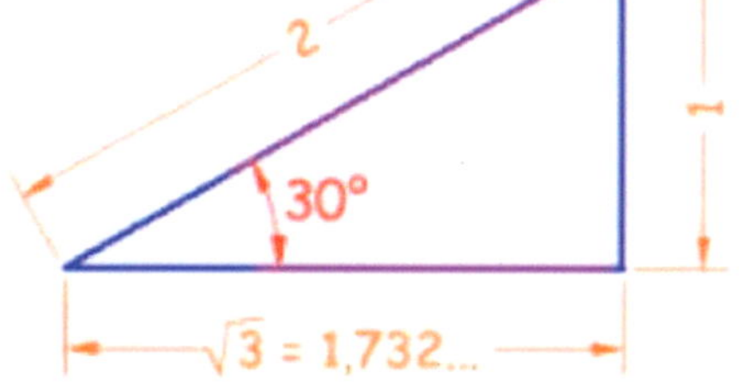

Dado que la longitud del lado adyacente es lo que desea calcular, la proyección horizontal es el ancho del techo inclinado multiplicado por el coseno del ángulo del techo. Entonces, el área horizontal proyectada multiplicada por la precipitación mensual es la cantidad de agua que estará disponible cada mes. (Para el diseño completo, vea el Capítulo 7).

¿Qué tamaño de cisterna debo cavar para almacenar suficiente agua para la estación seca?

Aquí, nuevamente, sugiero que use los datos de precipitación mensual promedio para la región. Busque en el conjunto de datos para ver qué meses son de lluvia y cuáles están secos. Luego, deberá investigar la demanda total de agua que se está atendiendo. Este valor suele ser en litros o metros cúbicos. (Ver Capítulo 6.)

El volumen de agua necesario en la cisterna es la demanda de agua cada mes seco. Sume todos los meses secos y encontrará el volumen total necesario. Dimensione su cisterna para llenar la demanda calculada.

¿Cuánta agua hay disponible en el río o arroyo cercano?

Para determinar la cantidad de agua que fluye en un río o arroyo, necesitará saber el caudal del río o arroyo multiplicado por su velocidad.

La ecuación es: $Q = V \times A$

Donde el caudal (Q) está en metros cúbicos/segundo (pies cúbicos/segundo);

Donde V es la velocidad del flujo de la corriente en metros/segundo (pies/segundo);

Y A es el área del flujo en metros cuadrados (pies cuadrados).

La velocidad del flujo se determina usando la ecuación de Manning: https://www.h2ometrics.com/manning-equation/

Hidrología de aguas subterráneas

El agua subterránea fluye a través de acuíferos, que se definen como cuerpos que contienen agua compuestos de grava, arena y limo. Los acuíferos subterráneos pueden estar confinados o no.

Acuíferos no confinados

Los acuíferos no confinados son los más comunes. Ocurren cuando el agua se infiltra a través de la superficie del suelo y se filtra hacia el suelo hasta que alcanza una capa de roca impermeable. El agua subterránea se acumula en la parte superior de la capa de roca hasta que se crea una zona saturada de agua en el suelo. La parte superior de la zona saturada se llama capa freática.

Cuando se cava un pozo o se perfora un pozo en un acuífero no confinado, primero se llega al agua en la capa freática. Los acuíferos no confinados se contaminan fácilmente a partir de productos derivados del petróleo y otros materiales descargados en la superficie del suelo. El agua en un acuífero no confinado también podría contener arsénico, flúor, sales y otros minerales que se filtran de las rocas.

Acuíferos confinados

Los acuíferos confinados son similares a una tubería subterránea. Sin embargo, en este caso, la tubería contiene grava, arena y limo. El acuífero está confinado ya que está rodeado por rocas impermeables. El agua del exterior no puede penetrar la roca impermeable que rodea el acuífero confinado.

El agua que se infiltra en un acuífero confinado podría ocurrir a una gran distancia de donde se observó originalmente. Cuando un taladro corta un acuífero confinado, el agua sube a una altura de presión (también conocida como la superficie piezométrica) en el acuífero, causando lo que se conoce como un pozo artesiano o que fluye.

Hay preguntas sobre la hidrología de aguas subterráneas y sus respuestas incluyen las siguientes:

¿El acuífero debajo de este pueblo contendrá suficiente agua para satisfacer las necesidades del pueblo?

Esta es una pregunta difícil de responder sin primero perforar o cavar un pozo en el área donde se necesita el agua. Sin embargo, puede haber pozos existentes en el área que tengan algún historial de producción de agua. Hable con todos los propietarios de pozos que se encuentran a menos de un kilómetro de donde desea su pozo y determine la historia de la producción de sus pozos.

Podría preguntarles: ¿Cuánto tiempo lleva su pozo en producción? ¿Cuál es el caudal de su pozo en litros por minuto o metros cúbicos por hora? ¿Su pozo se seca o disminuye el flujo durante la estación seca?

Además, puede haber un perforador de pozos local en el área. Él o ella tendría información valiosa sobre el estado del agua subterránea en el área.

Una vez que haya perforado un pozo, necesitará averiguar su caudal, es decir, cuánta agua se descarga del pozo cada hora. Esto generalmente se expresa en litros por minuto o metros cúbicos por hora. Si se trata de un pozo excavado, debe hacer que un individuo local capacitado lleve un registro de la cantidad de agua extraída y la distancia desde la superficie del suelo hasta el nivel freático.

¿Cuál es la distancia desde la superficie del suelo hasta el nivel freático?

Esta información es importante, ya que le dirá qué tan profundo necesitará perforar o cavar un pozo. La distancia desde la superficie de la tierra al agua de la capa freática en un acuífero libre se puede determinar mediante la medición en pozos cercanos o mediante la instalación de una tubería de PVC de 50 mm en el lugar en donde desea perforar o cavar su pozo. Las unidades se miden típicamente en metros.

Apéndice II

UNAS PALABRAS SOBRE INGENIERÍA DE RECURSOS HÍDRICOS

La ingeniería de recursos hídricos es una de las ramas de la Ingeniería Civil. Implica la planificación, diseño, construcción, operación y mantenimiento de sistemas de recursos hídricos.

Para determinar cómo diseñar este sistema de agua, deberá responder la siguiente pregunta:

¿Qué tamaño de bomba centrífuga necesito para mover el agua de un pozo, lago, depósito u otra instalación de almacenamiento a un tanque sobre una torre?

La potencia (vatios) requerida para una bomba se calcula mediante la siguiente ecuación:

P = (Q * rho * H * g) / (eficiencia de la bomba)

En donde:

P = la potencia de la bomba en vatios;
Q = el caudal del agua en metros cúbicos por segundo;
Rho (la letra griega) = la densidad del agua, que es de 1000 kg/metro cúbico;
H = la elevación total que el agua tiene que ser bombeada al tanque en la parte superior de la torre, más las pérdidas de carga en las tuberías (debido a la fricción entre el agua y las paredes de la tubería) en metros.

Este cálculo se puede hacer usando la ecuación de energía de Bernoulli: https://www.lmnoeng.com/energy.php

Una vez que se sepa la potencia requerida por la bomba en su situación, estará listo para determinar la cantidad de energía solar o el tamaño del generador eléctrico. Ese generador generalmente es impulsado por un pequeño motor diesel o de gasolina.

¿Cuántos paneles solares necesito para alimentar la bomba?

El cálculo anterior le proporciona la potencia requerida por la bomba en vatios. Los paneles solares fotovoltaicos están clasificados en vatios, por lo que es fácil determinar la cantidad de paneles solares que se necesitan para alimentar la bomba centrífuga.

¿Cómo determino el tamaño del tanque de agua cruda y el tanque de agua limpia?

Los tamaños de los tanques son función de la demanda. (Consulte el Capítulo 7, Selección de la fuente de agua dulce).

¿Qué filtros de membrana debo usar para esta aplicación?

Recomiendo que use los filtros de membrana SkyHydrant de 0,04 micras de SkyJuice. (Ver el Capítulo 3.2 para obtener más información). https://www.skyjuice.org.au/skyhydrant/

¿Cómo debo diseñar las torres de acero para el sistema de agua?

Le recomiendo que contrate a un ingeniero estructural para diseñar las torres de acero. El diseño puede ser complicado, ya que incluye lo siguiente: El tipo de acero a usar, el peso del tanque en la parte superior de la torre cuando está lleno de agua y la carga del viento local.

REFERENCIAS

Aqua Clara International. (2014). "PREGUNTAS MÁS FRECUENTES". Disponible en: http://aquaclara.org (1 de abril de 2014).

Brown, J. y MD Sobsey. (2010). "Eficacia microbiológica de los filtros cerámicos localmente reducidos para el tratamiento del agua potable en Camboya". J. de Agua y Salud 8 (1), 1-10.

Centros de Control y Prevención de Enfermedades. (2011). *Tratamiento del agua en el hogar: Filtración Cerámica.* Disponible en: http://www.cdc.gov/safewater/PDF/Ceramic_2011-final.pdf

Centro de Tecnología de Agua y Saneamiento Accesible (CAWST) Hay 12 manuales de filtros de bioarena, con fecha de septiembre de 2011 a marzo de 2018, que figuran en el siguiente sitio web: https://resources.cawst.org/technical_resources?query=Biosand%20filter%20manual&page=1

Lantagne, DS (2001). *Investigación del filtro de cerámica impregnado de plata coloidal de Potters for Peace*: Informe 2: Investigaciones de campo. Alethia Environmental, Boston, MA.

Sobsey, MD, Stauber, CE, Casanova, LM, Brown, JM y Elliott, MA (2008). "Punto de uso de filtración de agua potable en el hogar: Una solución práctica y efectiva para proporcionar acceso continuo al agua potable en el mundo en desarrollo". *Environ. Sci. Technol.*, 42(12), 4261–4267.

ÍNDICE

NOTA: los números de página se encuentran en la figura o tabla. Indican una figura o tabla, respectivamente.

AGRADECIMIENTOS

Quiero agradecer especialmente a mi esposa Kathy, cuyo estímulo y edición reflexiva hicieron de este un mejor libro. La guía continua y la persistencia de mi editor, Ray Richmond, ha mantenido vivo el libro durante los muchos años que tomó haberlo escrito. También quiero agradecer a mis colegas y muchos estudiantes por las invaluables lecciones que me enseñaron.

SOBRE EL AUTOR

John Dracup nació y creció en Seattle, Washington. Es un estadounidense de primera generación, ya que sus padres emigraron de Glasgow, Escocia, a fines de la década de 1920. Se establecieron en Seattle porque el clima era similar al lluvioso de Escocia. Tiene títulos en ingeniería civil de la Universidad de Washington, en Seattle, el Instituto de Tecnología de Massachusetts, en Cambridge, y la Universidad de California, en Berkeley.

Enseñó ingeniería de recursos hídricos e hidrología tanto en la Universidad de California, en Los Ángeles, como en la Universidad de California, en Berkeley, durante más de 50 años. Su investigación se centró en las áreas de optimización de sistemas de recursos hídricos a gran escala y el impacto de la variabilidad del clima y el cambio climático en las distintas hidrológicas.

El profesor Dracup es miembro de la Sociedad Americana de Ingenieros Civiles y de la Unión Geofísica Americana, entre otros. En 2001, fue becario Fulbright en Australia. En 2015, los administradores de la Fundación Rotaria lo citaron por sus esfuerzos en el suministro de agua limpia y segura en los países en desarrollo.

Vive en Santa Mónica, California, con su esposa y familia.

Made in the USA
Las Vegas, NV
03 November 2026

57423305R00183